钢桥结构焊接接头埋弧自动焊施焊工艺

张国华 曹 景 主编
刘旭锴 主审

中国建筑工业出版社

图书在版编目(CIP)数据

钢桥结构焊接接头埋弧自动焊施焊工艺/张国华，曹景主编. —北京：中国建筑工业出版社，2009
ISBN 978-7-112-11640-9

I. 钢… II. ①张…②曹… III. 钢桥—焊接结构—焊接接头—埋弧焊：自动焊—焊接工艺 IV. TG445

中国版本图书馆 CIP 数据核字(2009)第 219439 号

钢桥结构焊接接头埋弧自动焊施焊工艺

张国华　曹　景　主编
刘旭锴　主审

*

中国建筑工业出版社出版、发行(北京西郊百万庄)
各地新华书店、建筑书店经销
北京天成排版公司制版
北京密东印刷有限公司印刷

*

开本：850×1168 毫米　1/32　印张：6　字数：172 千字
2010 年 6 月第一版　2010 年 6 月第一次印刷
定价：**26.00** 元
ISBN 978-7-112-11640-9
(18900)

版权所有　翻印必究
如有印装质量问题，可寄本社退换
(邮政编码 100037)

本书介绍了目前实施的埋弧自动焊施焊工艺、部分工艺概念释义和作者曾用于施焊工艺实践的埋弧自动焊工艺理论；探讨了一些提高埋弧自动焊工艺功效，防止焊接变形、焊缝裂纹、延迟裂纹，提高焊接接头使用性能的施焊工艺技术。

本书可供结构工程设计、施工、管理人员参考。

* * *

责任编辑：田启铭　于　莉
责任设计：赵明霞
责任校对：赵　颖　刘　钰

前　言

随着我国经济建设的快速发展，钢制焊接结构在高层建筑、城市桥梁、公路桥梁、体育场馆、会展中心得到了越来越广泛的应用。大跨度、超高层钢结构的迅猛发展，使构件截面不断增大，钢板厚度越来越厚，结构形式亦随之新颖多样。设计工程师为了处理大型结构设计中，构件交汇的节点，应用了加工性能良好但焊接难度较高的铸钢件。焊制钢结构是由母材(主体材料)和焊接接头组成的，焊接接头的使用质量即使用过程的安全可靠性，从根本上决定了焊制钢结构的质量。

焊接接头的使用质量概念，就其属性讲起码包含如下两个内容：①焊接缺陷：因其性质、数量、产生原因和存在部位均在不同程度上削弱了焊接接头的使用质量，同时也降低了焊制钢结构的使用性能。诸如气孔、夹渣、未熔合等缺陷均消减了焊缝截面尺寸和致密程度；裂纹缺陷危害程度就更加严重。对于焊道可以通过超声波检测、射线(Xγ)检测、渗透检测、磁粉检测等手段来判定焊缝质量是否合格，也可以通过采取相应返修手段消除缺陷，使其达到合格指标。②有些危险性缺陷在构件使用过程中才逐渐暴露出来，无损检测方法只能检查焊接接头(焊缝)的静态质量，而焊制钢结构在使用过程中焊道的质量变化是很难实施预先检测的，以至酿成灾难性事故。裂纹，特别是延迟裂纹，突发性脆断均是此类危险性缺陷。再有施焊时工艺参数的线能量输入过大、焊接层次过多，焊接区域焊后残余应力过大，施焊工艺不当造成了超差的焊接变形，为了"交工"对焊缝区域进行火焰"矫正"使焊缝区域内原已存在的较大残余应力在烘烤连续加热和冷却作用下"重新分配"达到矫正目的，而置应力的去向和焊缝区域的组织性能变化于不顾。这些都会危害焊制钢结构的使用性能而无损检测手段不能实施预先检测的缺陷。确保焊制钢结构焊接质量和安全可靠使用是一整套复杂的系统工程，它需要焊接工艺技术人员不断学习、实践、实验去解决其中的部分问题。

埋弧自动焊工艺技术是一项成熟的焊接工艺技术。它有使用电流大，电弧热量集中，焊剂对电弧空间有可靠保护等固有特点；因此焊缝熔深增加，电弧热利用率高，焊接速度快且焊缝质量好。已为各行业的钢制焊接结构制造企业广泛应用；中厚钢板接头施焊应用最广。

世界各先进工业国家，相继采用了单丝或双丝自动跟踪的窄间隙，埋弧自动焊，各国采用的窄间隙，坡口相似而略有不同。我国《钢制压力容器焊接规程》JB 4709—2000 标准释义中规定："埋弧自动焊时对接焊缝Ⅰ形坡口（即不开坡口不清根）全熔透结构适用板材厚度：其 δ_{max} 为 20mm；正反两侧面各焊一道完成。""这样的坡口尺寸最大电流值一般不超过 850～900A；热输入量对于 $\sigma_b \leqslant 490MPa$ 的低合金钢来说其焊接接头性能可满足要求。"

笔者涉足于锅炉、压力容器、建筑钢结构、钢桥结构的焊接工程施工几十年。近几年来从事钢桥建造工程监理工作需对施工承包单位进行资质能力考察的机缘，得以广泛接触部分钢桥建造施工的大中型企业的现行埋弧自动焊焊接工艺并学习，查寻了相关工艺技术标准，规范；经与石油化工建设，电力建设行业的焊接同仁、故友切磋，加之大跨度桥梁超高层钢结构的迅猛发展，大厚板乃至铸钢件的应用，我们进行了埋弧自动焊低合金高强度结构钢桥梁用钢全熔透、对接接头（含 T 型对接）中厚板，大钝边，窄间隙埋弧自动焊工艺技术探讨，并在提高其接头使用可靠性方面作了部分努力得到了些收获。

本书由天津市赛英工程建设咨询管理有限公司张国华和天津市市政工程设计研究院曹景主编，天津市赛英工程建设咨询管理有限公司参编，天津市市政工程设计研究院刘旭锴总工主审。本书在编写过程中原天津市化工建设公司周金元总工进行了审阅，在此表示感谢。

本书内容中的不妥之处，恳请读者批评指正。

目　录

前言

第1章　从"焊接工艺评定"说起 …………………………… 1

第2章　埋弧自动焊工艺参数与熔焊电弧状态实施
　　　　窄间隙全熔透施焊 …………………………………… 12

第3章　焊接过程中实施"消应消氢法"措施的埋弧
　　　　自动焊工艺 …………………………………………… 16

第4章　焊接工艺"过程控制"的重要性 ………………… 33

第5章　中厚板手工电弧焊、埋弧焊及铸钢节点焊接技术 … 35

第6章　中厚板对接接头焊缝裂纹及脆断缺陷 …………… 49

第7章　"表面堆焊法"工艺矫正构件原始形态缺陷及
　　　　焊接残余变形 ………………………………………… 63

第8章　桥梁用结构钢、高强度低合金钢的手工电弧焊 …… 80

第9章　工艺技术管理与焊接工艺技术水平 ……………… 103

第10章　过程控制、焊接检验及相关标准规定 ………… 117

第11章　焊接返修及提高焊接接头综合力学性能的方法 … 125

第12章　钢桥工程监理 …………………………………… 148

第1章 从"焊接工艺评定"说起

《钢制压力容器焊接工艺评定》JB 4708—2000 标准在国内首次提出"焊接工艺评定"术语（即专业概念）。"焊接工艺评定"是指为验证所拟定的焊件焊接工艺的正确性而进行的试验过程及结果评价。"焊接工艺评定"的目的在于验证拟定的"焊接工艺指导书"的正确性；而"焊接工艺指导书"应由具有一定专业知识和相当实践经验的焊接工艺人员根据钢材的焊接性能、结合产品特点设计图样要求，本单位制造工艺、工装条件，技术水平状态和管理情况来拟定的。

同是焊制钢结构制作安装企业，由于它们隶属的行业不尽相同，所制造安装的产品的施工技术规范、标准、合格指标也不完全相同，各行业管理模式各异，行业间技术交流不多；所以形式相同的焊接接头的焊接工艺过程和工艺水平亦有差异。

因技术交流和工程监理工作的机缘，笔者得以接触一些大中型钢桥结构制造安装企业的生产厂内制造，现场安装施工的焊接工艺过程并对照查阅了施焊单位的"焊接工艺评定清册"。

"焊接工艺评定清册"或"焊接工艺评定汇编"，它验证施焊单位所拟定的"焊接工艺指导书"的正确性，并据此评定施焊单位的能力；它亦是施焊单位技术储备的标志之一。现就录于施焊单位"焊接工艺评定清册"或"汇编"且正在实施的钢桥结构全熔透焊接接头施焊工艺实例进行一些研讨，见表1-1。

JB/T 4709—2000 标准释义中讲述："焊接坡口的根本目的在于确保接头根部的焊透，并使两侧的坡口面熔合良好，故焊接坡口设计的两条原则是熔深和可焊到性，设计依据是：①焊接方法；②母材的钢种及厚度；③焊接接头的结构特点；④加工坡口的设备能力。还应考虑以下因素：①焊缝填充金属尽量少；

钢桥结构全熔透焊接接头施焊工艺 表1-1

本文编号	接头型式	焊缝成形	材质	焊材牌号及规格	适用部位	焊接工艺过程
1			Q345qD	H10Mn2 φ4 SJ101	箱梁底板纵横梁板料拼接	6mm≤δ≤12mm 板双面埋弧自动焊
2			Q345qD	JQYJ501-1 φ1.2 陶质衬垫 H10Mn2 φ5.0 SJ101	单元总成底板对接现场施工拼焊	CO_2 半自动气电焊打底埋弧自动焊填充盖面
3			Q345qD	JQYJ501-1 φ1.2 碳棒 H10Mn2 φ5.0 SJ101	焊制H型梁、箱梁翼缘板腹板底板拼接焊	CO_2 半自动气电焊打底后两层三层埋弧自动焊充盖面；背面碳弧气刨清根磨削后两层埋弧自动焊填充-盖面

续表

本文编号	接头型式	焊缝成形	材质	焊材牌号及规格	适用部位	焊接工艺过程
4	(55°, 28, 12, 4, 50)	(图示)	$Q345q_E^D$	H10Mn2E φ5.0 碳棒 SJ101q	焊制H型钢梁、翼板与腹板的T型对接焊	焊前接缝区及两侧140℃预热；层间温度120～150℃；船型位置施焊，一侧三层埋弧焊道焊后翻身清根磨削。磨清后施焊另一侧三层五道埋弧焊道
5	(70°, 70°, 6, 22, 50)	(图示)	$Q345q_E^D$	H10Mn2E SJ101q 碳棒	厚板结构材料对接拼焊	焊前接缝区及两侧140℃预热；层间温度120～150℃。正面埋弧自动焊6层11道，翻身碳弧气刨清根磨削。背面埋弧自动焊6层10道，焊道共12层21道，焊后保温
6	(40°, 25-40, 40)	计30-36道焊道 单道缝长2~3m	$Q345q^D$	TWE φ1.2	锚箱盒及锚箱盒与隔腹板拼焊	焊前120～140℃预热，CO_2、药芯焊丝气电焊，焊接位置： 1. 锚箱盒拼焊平角焊 2. 与隔腹板组角立焊

3

②避免产生缺陷；③减少残余焊接变形与应力。各标准所列的坡口形式和尺寸都是可行的，但不一定是最佳的，最佳的焊接坡口只有结合施焊单位的实际条件研究实验才能确定。"

(1) 上列从施焊单位"清册"或"汇编"中所录的编号1，3号工艺，是一些施焊单位通用工艺。6mm≤δ≤12mm板料，I形坡口，0~1mm间隙，双面埋弧自动焊确保焊接接头与母材等强熔透焊坡口形式在GB 986标准中早有规定，且各施焊单位应用该工艺的年限已很长、很有成效，此处不赘述。当板料厚度δ>12时的第3号工艺：4mm钝边，50°单面V形坡口，CO_2半自动气电焊打底后两到三层埋弧自动焊填充盖面，背面"碳弧气刨""清根"磨削后再二层埋弧自动焊填充，盖面；如此算来从开坡口加工到施焊完成不少于五道工序过程。据施焊单位讲：用CO_2半自动气电焊打底是为了保证第一层埋弧自动焊填充焊道施焊时不会烧穿，碳弧气刨"清根"是为了：①保证熔透；②清除CO_2半自动气电焊时可能存在的接头部位和其他缺陷。实际上这种讲法本身就否定了该工艺坡口设计的正确和可行性。埋弧自动焊工艺特点是电流大，深熔，也用CO_2打底实际上是将开坡口时切掉的母材金属焊补上且填塞了间隙，以保证埋弧焊时不会因使用大电流焊穿，那为什么只留4mm钝边？本来就担心CO_2打底时会产生接头部位和其他缺陷，焊件翻身后还要用碳弧气刨铲掉，那这些材料，人工，机械岂不是空耗？况且单侧V形坡口，单侧填充金属，焊接层次多将造成接缝处"棱角度"变形和焊接残余应力较大且因焊接层次多而缺陷几率会增加。

(2) 上列从施焊单位"焊接工艺评定清册"或"汇编"中的编号2号工艺：δ=12mm平板对接，50°单V形坡口，非金属（陶瓷）衬垫，8mm间隙，CO_2半自动气电焊打底，埋弧自动焊填充，盖面工艺；此工艺优点颇多：①工厂内组拼运输单元构件和现场工地拼焊单面施焊操作方便；②大面积拼焊全熔透结构接头省去了大面积板料翻身施焊背面焊道工序；③工地现场较大结构件对接拼缝施焊省去了底面焊缝的"清根"和难度较大的仰位置焊道施焊。但是此工艺为了 CO_2 半自动气电焊操作将组拼间隙定为 8mm,再加上 50°开口形坡口,焊接层次,填充金属都增加了不少,与前文所讲 2 号工艺一样：CO_2 半自动气电焊仍可能有接头部位外观(去掉陶垫后)缺陷;焊接层次多,填充金属多仍会有较大棱角度变形和应力,仍因焊接层次多。层间缺陷出现的几率便多些。

钢箱梁、叠合梁工厂内或工地现场,接缝较长的对接接头,可以采用金属垫板(指桥面板)非金属垫板(指箱梁叠合梁底板拼焊后垫板应去掉),I 形坡口或 Y 形坡口窄间隙埋弧自动焊,一般板料 $\delta < 14mm$ 时可单面焊一道完成,$\delta > 14mm$ 时可施焊两道完成,具体工艺方法容后文表述。

(3) 上列从施焊单位"焊接工艺评定清册"或"汇编"中所录的编号 4 号工艺：T 形全熔透对接接头埋弧自动焊,翼缘板 $\delta = 50mm$;腹板 $\delta = 28mm$;腹板接缝处坡口加工为：双侧 55°坡口,中钝边 4mm 与翼板组拼成 K 型接头,船型平位施焊;焊前 140℃预热,首焊侧三层三道完成;次焊侧碳弧气刨清根,磨削后三层五道施焊完成;层间温度,120～150℃控制;焊后保温。

此工艺施焊可得到保证与母材等强,质量较好的焊接接头;但是,焊后焊接残余应力和变形较大,翼板不平度超差;据调查,对大型,大厚度板材焊制 H 型构件矫形设备,就国家部委属大企业拥有率也不多,故而对其采用"火焰热矫"矫形是目前建筑钢结构,桥梁结构制造企业的"通用工艺",但各自掌握的水平,火焰热矫的"温度掌控"各不相同其结果应讨论。

(4) 上列从施焊单位"清册"或"汇编"中所录工艺编号 5 工艺：板厚 50mm;X 形坡口两侧面均 70°,6mm 钝边,不留间隙;双面埋弧自动焊;焊前 140℃预热;层间温度控制在 120～150℃,正侧面 6 层 11 道施焊,背面碳弧气刨清根,磨削后 6 层

10道埋弧自动焊；共12层21道完成；焊后保温。此工艺施焊单位经焊接工艺评定合格并应用于工程构件施焊。

对于低合金高强度结构钢中厚板全焊透对接接头施焊工艺，我们掌握了一些知识和已往工程的施焊工艺技术。监理工程师监查的责任驱使我们查阅、学习了些建筑钢结构，桥梁结构施工的相关标准，规程，规范：

JTJ 041—2000实施手册第十七章规定"厚度为25mm以上时(低合金高强度结构钢，桥梁用钢)进行定位焊，手弧焊及埋弧自动焊时应进行预热。"

JB 4709—2000标准释义"预热可以减低焊接接头冷却速度，防止母材和热影响区产生裂纹，改善它的塑性和韧性，减少焊接变形，降低焊接区的残余应力。"当遇有速度大或环境温度低等情况时还应适当增加预热温度。

《建筑钢结构焊接技术规程》JGJ 81—2002，6.5焊后消除应力处理第6.5.2款：焊后热处理应符合现行国家标准《碳钢、低合金钢焊接构件焊后热处理方法》GB/T—6046的规定……

或许是与购买标准的渠道有关还是其他原因，JGJ 81—2002；6.5，6.5.2款印刷有误，目前尚不知是否有"修正单"下发。《碳钢、低合金钢焊接构件焊后热处理方法》是现行中华人民共和国机械行业标准JB/T 6046—92；由中华人民共和国机械电子工业部1992年5月5日发布；1993年7月1日实施；GB/T 6046其标准标题是《指针式石英钟》。

众里寻她，我们姑且认为JB/T 6046—92便是JGJ 81—2002所指的相关标准。进行了深入学习：

1. 主题内容与适用范围

本标准规定了碳钢、低合金钢焊接构件的焊后热处理方法。本标准适用于锅炉、压力容器的碳钢、低合金钢产品以改善接头性能，降低焊接残余应力为主要目的而实施的焊后热处理。其他产品的焊后热处理亦可参照执行。

2. 引用标准

《钢制压力容器》GB 150；《焊接名词术语》GB 3375；《金属热处理工艺术语》GB 7232；《热处理炉有效加热区测定法》GB 9452；《球形储罐施工及验收规范》GBJ 94；《锅炉受压元件焊接技术条件》JB 1613 共引用标准六项。

JB/T 6046—92 标准规定了碳钢低合金钢焊接构件焊后热处理方法。低合金钢包括的范围较广：《压力容器用钢》GB 6654；《低合金高强度结构钢》GB/T 1591；《桥梁用结构钢》GB/T 714；均属低合金钢范畴；因此建筑钢结构，钢桥结构用中厚钢板焊接工程施工依遵 JB/T 6046—92 标准相关规定是恰当的，亦属于该标准适用范围的"其他产品"之列。

GB 150 是 JB/T 6046 中首选引用标准。它们互补相依，关联明确可操作。GB 150—1998 标准规定低合金钢当采用预热工艺时其材料厚度 δ 不小于 30mm，焊前不采用预热的 δ 不小于 28mm 材料均需要焊后热处理。JB/T 4709 标准中表 6 又规定了碳素钢、强度型低合金钢焊后热处理温度，加热时间，表 13 列出了世界各先进国家标准：ASME；BS；ISO；HPIS；AWS/ANSI；JISB 各标准焊后热处理（PWHT）温度比较，为使用国外等效钢材提供了方便；JB/T 6046—92 标准提供了热处理方法。各标准组合融汇，相得益彰，确保焊制钢结的使用安全可靠性。

通过焊后热处理可以松弛焊接残余应力、软化淬硬区、改善组织、减少含氢量、提高耐蚀性、尤其是提高冲击韧性和改善力学性能。总之其结果是确保焊制钢结构的使用安全可靠性。

综上所述本文表编号 5 埋弧自动焊工艺的工艺技术规范中缺少了使用性能保证的焊接工艺技术措施。Q3459 材料的焊接性能中：对"冷裂纹敏感"或曰："氢敏感"施焊此种材料中厚板时必须注意材料因素，应采取相应措施防止。

本文表编号 6 工艺：焊接方法：CO_2 半自动气电焊（气电焊是气体保护电弧焊总称），而不是埋弧自动焊所以列入本文是研讨一

下 CO_2 气电焊对此类接头的适用性，和与埋弧自动焊的比较。

CO_2 半自动气体保护电弧焊有很多优点：诸如生产率高，成本低操作简便和焊接变形及内力小，适用范围广等；这些优点应是对一定产品结构、生产条件、材料板厚、采取相应技术工艺措施方能显现出来，和其他焊接方法一样在满足其焊接技术条件情况下方能进行焊接施工。诸如：埋弧自动焊一般进行平位置施焊和船形位置平焊；焊接圆筒形构件环焊缝就需采用工艺装备：外环焊缝使用圆筒构件转动机具和焊接平台；内环缝施焊则尚须"探臂"才能将其定位施焊。氩弧焊焊接紫铜管件或管子接缝（紫铜分电解铜，无氧铜和含氧铜三种）在任何环境温度下施焊均须将接缝及两侧各不少于 20mm 处预热不低于 600℃ 后方可施焊；焊后"水淬"为了使接头部位软化且可做形位矫正。如管材料为"含氧铜"时氩弧焊工艺尚须在施焊时加入脱氧"铜焊剂"否则易有裂纹产生。

本文表编号 6 工艺：用于洛阳市钢管混凝土拱桥结构中叠合梁锚箱结构施焊，图 1-1 所示。其装配焊接顺序为：锚箱主箱 $\delta=40$，H 型截面部分先装配、焊接、矫正焊接变形后再与两片 $\delta=20$ 定位腹板装配施焊；$\delta=40$ 板边缘均开 40°坡口；H 构件为 40/40 板厚组拼后平位置施焊；40/25 板厚腹板组拼后立位置施焊，见图 1-1。

本工艺施焊的角接接头 40/40 板厚和 40/25 板厚两种接头的焊接层数和接头填充金属截面积是相等的且均不小于 $7cm^2$；30 道堆焊金属在不小于 $7cm^2$，截面长度 2116mm 的坡口内电弧冶金高温对母材加热热胀加压，再冷凝收缩拉回已被压缩变形的母材过热区金属产生的焊接残余应力是可观的，形成的残余变形也不小。

矫正焊接残余变形施工，施焊单位采用"火焰热矫正"工艺；GB 50205—2001，JGJ 041—2000 标准中的"矫正和成型"条款中热矫正工艺指的是材料、型材和零件。遍查建筑钢结构和桥梁结构施工的相关标准：焊接变形后焊接接头焊缝近域火焰加热矫正变形的相关规定均未寻出端详。

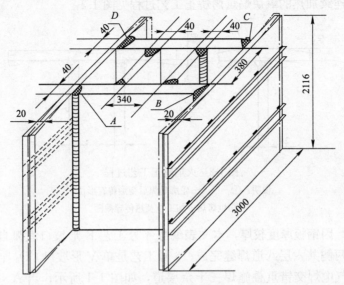

图 1-1 施焊示意图

说明：① 图中槽钢是施焊 A、B、C、D 焊缝时抑制变形用措施件，焊后去掉。
② 图中-----是焊后焊接变形的曾有位置轮廓线；实线是火焰矫形后结构形线。
③ H形结构是火焰矫形后安装定位。
④ 25mm 锚箱位腹板焊后 A、B、C、D 焊缝产生的残余变形火焰矫形区和余痕。

JB 4709—2000 标准第 7 条：后热第 7.3 款"后热温度（指焊后立即对焊接接头焊缝近域进行加热，使其缓冷的工艺措施。它不等于焊后热处理，它有利于焊缝中扩散氢加速逸出，减少残余变形与残余应力，是防止焊接冷裂纹的有效措施之一）一般为 200~350℃保温时间与焊缝厚度有关一般不低于 0.5h。"此条款标准释义为："温度达到 200℃以后氢在钢中大大活跃起来，消氢效果好，后热温度的上限一般不超过马氏体转变终结温度，而定为 350℃。"

我们见到的工厂内施工建造过程中进行的：本文表编号 4、编号 6，工艺对构件实施焊接施工，产生了超标残余变形，进行了连续加热的氧炔焰烘烤矫正工艺过程见图1-2：

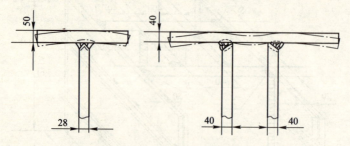

图1-2 火焰矫正工艺过程

说明：① -··-··- 轮廓是焊后变形曾有形位。
② 烘烤热矫加工位及热传导截面。

因钢板厚度较厚，本文表编号4号工艺K形坡口埋弧自动焊两侧共六层八道焊缝完成；6号工艺是单V形坡口CO_2半自动气电焊交错重叠施焊三十余层道，如图1-1所示；当A、B、C、D立焊缝施焊终了时图中抑制变形用槽钢的间断定位焊缝宽被形变力拉断。翼板，腹板焊后变形产生的不平度超差，矫正是要费功力的。

热矫正工艺由"热矫形工"来完成，特大号氧炔焰烤枪在本节图1-1、图1-2所示意的部位上着力烘烤，热了，钢板表面红了甚至于钢板表面出现了熔融状态方罢休，任其空冷，板面不平度超差矫正合格了。火焰热矫正工艺实施后在合格平整的构件上留下了局部蓝色局部黑色的烘烤痕迹及点状熔融痕。

氧炔焰烤枪烘烤的是焊缝近域母材金属表面。据观察被加热的金属表面已呈红热状态和局部熔融状态；此部分母材金属与经焊接电弧加热冶炼后结晶成形的焊缝金属比邻且已熔合；热传导至焊缝金属，其温度是否已升温至350℃以上，达到了焊缝金属马氏体转变的终结温度；焊接接头的组织性能是否良好？只能留下的疑问，因为不能在产品构件上取样加工成磨块进行金相组织分析而难以作出结论。

笔者曾是天津市《市政公路工程质量》刊物2006年第2期

中"对桥梁用钢及低合金高强度结构钢焊缝的裂纹,脆断缺陷探讨"一文的作者,对裂纹缺陷敏感又恰是洛阳市拱桥工程的监理工程师,于是对锚箱位中厚板结构的焊接过程,变形热矫正过程作了分析和过程监查。通过裂纹产生机理分析和焊接残余应力方向和热矫正过程:加热时加热区金属热胀受到未加热冷金属阻力而被压缩;冷却时收缩拉力将被压缩的金属拉回再收缩的应力重新分配,经分析用放大镜作了重点测查,发现了裂纹;应力方向不同,各部位裂纹方向也不会相同(监理工程师亦是无损检测专业持证工程师)。分析检测手段的特性,采用渗透探伤方法进行可疑部位探伤检查;排除了磁粉探伤对与磁力线平行的裂纹漏检的可能性,提高了检出率。

经排查发现:六架叠合钢梁运输单元段,锚箱部位 $\delta=20$ 锚箱定位腹板 12 片,因焊接残余应力变形,加热火焰矫正和应力水平,方向重新分配造成的裂纹 42 处;其最大长度 80mm,最大深度 10mm 如不检出修好,锚箱使用性能可靠性危矣!因此本文表编号 4,6 号工艺应采取相应工艺技术措施慎用。

焊接 δ 不小于 40mm 的钢板厚度的对接,角接接头,开 40°或以上坡口事宜,曾向施焊单位焊接工艺人员探讨,答曰:坡口小了 CO_2 焊枪导气管罩伸进坡口困难。殊不知窄开口 U 型坡口中厚板对接接头 CO_2 气电焊早在 20 世纪 70 年代大连起重设备厂已是通用工艺,企业的工艺水平是要研究进步、不断提高的。

第2章 埋弧自动焊工艺参数与熔焊电弧状态实施窄间隙全熔透施焊

埋弧自动焊工艺技术是成熟已久的焊接工艺技术。由于焊接工艺技术人员不断的努力，设计制造了各种能使被焊工件变位、运动的工艺机械设备，使埋弧自动焊能够应用于施焊条件苛刻的产品构件；每一种新型产品诞生，都会有新的（或改制的）埋弧自动焊工艺装备开发研制，成功地施焊。

对于低合金高强度结构钢，桥梁用钢中厚板料焊接接头埋弧自动焊，提高使用性能可靠性努力，我们从焊接工艺参数探索开始。依照JB/T 4709标准规定：焊缝填充金属尽量少；避免产生缺陷；减少残余焊接变形与应力诸因素要求，以提高接头使用性能安全可靠性为方向进行研讨、试验并将其成果应用于工程焊接施工。

这里我们主要研讨的是与母材等强，全熔透结构焊接接头埋弧自动焊，其焊接工艺参数有：焊接电流、电弧电压和焊接速度等。另外焊缝金属形状系数，熔合比；焊丝直径；焊件预热温度；焊缝层间温度控制；焊缝焊后立即"后热"的温度控制；焊缝区域消应（消除焊接残余应力）消氢（消除熔敷金属含氢量）技术措施均属焊接技术规范范畴。

1. 综合考虑熔焊状态诸因素经实验选用适用焊接电流值

焊接工艺技术人员，焊工都了解这一工艺道理：埋弧自动焊时随焊接电流的增大，由于电弧压力的增大对熔池中液态金属的排出作用加强了，电弧深入基本金属，而使熔深成正比增加即熔深 $h=kI_h$（一般 k 取 $k=1$，当直流反接和交流时取 $k=1.1$）这便是焊工师傅们说 100A 熔深 1mm 的来源。由于熔深的增加，电弧深潜入熔池，电弧的活动能力在焊接电流增到一定数值时由于"潜弧"而减弱；也是由于焊接电流的较大增加，电弧热随之增加；焊丝熔化量亦较大增量；母材取Ⅰ形坡口，窄间隙施焊时，电弧两侧母材熔入熔池与熔态焊丝相熔相加，熔态金属量又大了些，电弧对熔池底部液态金属反而难以排出，故此时熔深不再增加，反而有减少趋势。目前各行业使用的埋弧自动焊机设备以均匀调节式设备居多，其电弧电压自调系统的静特性曲线显示在增加焊接电流施焊时应适当提高电弧电压。

2. 焊接实验过程中的电弧电压调节

埋弧自动焊焊接过程中，电弧电压的高低，实际上是焊接电弧长短的显示；电弧电压增加电弧长度增加，致使电弧摆动作用加剧；焊件被电弧加热的面积增加，焊缝的熔宽也增加；由于电弧长度拉长，较多的电弧热被用来熔化焊剂；施焊较厚钢板($\delta \geqslant 20$)Ⅰ形坡口对接接头时潜弧现象存在，又有较多的电弧热被用于加热熔化窄间隙两侧的母材；此时焊丝的熔化量并未增加而与母材融合后的液态金属被分配在较大面积上，熔宽较大；又由于电弧摆动作用加剧和以上诸情况的存在电弧对熔池底部液态金属的排出作用变弱，熔池底部接受的电弧热较少，熔深会减少。在焊接施工选择工艺规范参数时适当提高电弧电压对提高焊缝质量是有利的。但应与使用焊接电流值相配合。

3. 焊接速度及焊丝直径选择

我们主要研讨低合金高强度结构钢，桥梁用钢中厚板全熔透焊接接头的工艺技术和焊接电流，电弧电压的试验讨论一样其目的是达到熔深和熔到性为原则；以提高功效、防止变形、减少焊接残余应力，主要是以提高焊接接头使用性能可靠性的技术措施为方法，通过实验，掌握技术。

焊接速度即埋弧自动焊焊车的行走速度，在焊接过程中，它直接影响焊接电弧热量的分配即影响焊接线能量数值的大小，又影响焊接电弧弧柱的倾斜程度;对焊缝的成形,尤其是熔深,熔到性的影响是直接显著的。

对于低合金高强度结构钢、桥梁用钢中厚板、I形坡口窄间隙对接接头埋弧自动焊工艺技术规范来讲,焊接小车行走速度应考虑:I形坡口接缝的组拼间隙;焊接速度的加快,焊缝的线能量输入减少,熔宽明显地变窄;又因为车速快时焊接电弧向后倾斜角度增大,对熔池底部液态金属的排出作用增强,熔深增加;经I形坡口窄间隙接头焊接实验:当焊接速度大于28m/h(焊接电流、电弧电压条件如常)时易焊穿。焊接速度应控制在20m/h近域,还应考虑钢材板厚、化学成分、预热工艺等因素适当调节焊接速度。

埋弧自动焊施焊,焊接电流值不变而更动焊丝直径的大小,将导致其电弧状态的变化:焊丝直径大,电弧的摆动作用随之加剧,焊缝的熔宽增加而熔深略有减少;焊丝直径越小则电流密度越大,电弧吹力增加,熔深便相应地增加而电弧摆动作用减弱;故I形坡口窄间隙接缝施焊时应利用其摆动作用加热熔化间隙两侧的母材熔深则利用较大电流来解决应采用较大直径焊丝。一般使用 $\phi 5$ 焊丝。

焊接施工的工艺方法就金属焊接而言有熔焊、压焊、钎焊三种;埋弧自动焊便是熔焊类焊接工艺;大部分熔焊工艺均要求焊后留下来的是:外观美,内部致密性强无缺陷的焊缝;埋弧自动焊电弧跟踪性能好,焊后留下来的应是:余高不多,圆滑过渡,平直光滑的美焊缝;焊丝与工件的相对位置倾斜角度和方向对焊缝外观成形有较重要关联;埋弧自动焊用于平位置施焊,工件应水平放置在工装胎架上,众所周知;施焊厚度较大的板料对接接头,焊前采用大钝边窄间隙工艺型式加工坡口,板材两面亦需采用多层焊;随着钢板厚度增加,坡口开口距离变大,盖面层宽度也须加大;根焊层,填充层焊丝应垂直于母材板面已周知且是常规;盖面层焊道因宽度加大,有的施焊单位采用盖面层一层施焊两道相并去满足熔宽要求,实则不妥:一是一层两道焊道并行其结果加宽了焊道应有宽度要求；二是施焊时处理不当时易产生层间缺陷；三是外观欠佳；实际上改变一下焊丝与工件板面的倾斜角度，使焊丝前倾 $10°\sim15°$，电弧指向焊接方向，对熔池前面焊件的预热作用增强了，熔宽增大熔深略有减少(盖面层不需太多熔深)；经板厚 $\delta=60mm$ 平板对接接头施焊，其坡口加工为：钝边 20mm；两侧面各余 20mm 处开 $50°V$ 形坡口双面埋弧自动焊其 V 形坡口开口宽度 25mm 两侧各三道共施焊六层完成(其完整工艺规范容后文介绍)盖面层宽 36mm 一道完成。曾试焊，焊丝前倾法可使熔宽达 40mm。

第3章 焊接过程中实施"消应消氢法"措施的埋弧自动焊工艺

本章介绍中厚度 Q345、Q370 低合金钢板对接接头焊接过程中的"消应消氢法"埋弧自动焊工艺。

JTJ 041—2000 实施手册第十七章规定:"厚度为 25mm 以上时(低合金结构钢)进行定位焊、手弧焊及埋弧自动焊时应进行预热"。

《建筑钢结构焊接技术规程》JGJ 81—2002 第 6.5 条焊后消除应力处理,规定了"对焊接构件进行局部消除应力热处理"的相关规定。

GB 150—1998 标准规定:低合金钢"当采用预热工艺时其材料厚度 δ 不小于 30mm;焊前不采用预热的 δ 不小于 28mm 材料均需要焊后热处理""消应消氢处理后熔敷金属中残余应力及氢含量将被全部消除"。

《钢制压力容器焊接规程》JB/T 4709—2000 标准,8.2 款焊后热处理厚度 δ_{PWHT} 按如下规定选取:δ_{PWHT} 是一概念变更:"需要进行焊后热处理的起因是焊接,焊缝金属的厚度表明了焊接对残余应力、热影响区组织、性能影响范围及程度,因此决定焊后热处理的规范参数的对象应是焊缝厚度,而不完全是钢板厚度"。8.3 款规定了常用钢号的焊后热处理规范表。

《碳钢、低合金钢焊接构件焊后热处理方法》JB/T 6046—1992 规定了焊后热处理方法。

以上所列标准、规程、规范是不同行业的技术标准,但都是针对中厚度结构钢焊接工艺规范的相关标准;都在说明焊接中厚度低合金钢、桥梁用钢时保证其构件焊后使用性能安全可靠性的工艺技术规范要求。

通过深入学习不同行业的焊接工艺技术相关标准及标准释义；学习、研讨埋弧自动焊各企业现行工艺技术和埋弧自动焊初等电弧工艺理论并试验其现象；采用了几项工艺技术措施以提高功效，防止焊接变形减少焊接残余应力提高使用性能安全可靠性为目标进行了不间断的焊接工艺试焊，试验，研讨。对于低合金高强度钢，桥梁用钢中厚板，全熔透对接接头施焊收到了较好的效果。

1. 研讨工作从低合金高强度钢，桥梁用钢板料 I 形坡口全焊透，埋弧自动焊 $\delta_{max}=20mm$ 开始

《钢制压力容器焊接规程》JB/T 4709—2000 标准释义中，对各种材料、厚度、焊接接头、焊接方法所应遵循的焊接坡口设计原则和相关技术措施均有相关规定。规定中埋弧自动焊时对接焊缝 I 形坡口全焊透结构适用板材厚度：其 δ_{max} 为 20mm。双面焊，正背面各焊一道完成。

经焊接实验，I 形坡口（即不开斜边面坡口且不"清根"）单面焊时焊一道完成，适用于桥面板对接接头和桥箱梁底板对接接头工厂内和施工现场施焊其 $\delta_{max}=14mm$；当板厚 δ 大于 14mm 时采用 Y 形坡口；焊两道完成。装配间隙：I 形坡口，板厚 8～10mm 时，$b=2～2.5mm$；板厚 12～14mm 时，$b=3～3.5mm$；板厚 16mm 时，$b=4mm$；开 Y 形坡口，钝边 12mm。焊前，桥面板可加金属垫板（应密实），底板可加非金属垫板，间隙内用锤轻敲使埋弧自动焊焊剂密实，$\phi 4mm$ 焊丝施焊。

施焊箱梁底板时底面采用非金属衬垫焊后去掉可免去难度较高的手工电弧仰焊；箱内埋弧自动焊因有 U 型肋箱体内空间小，可采用将焊车上加一小探臂方法解决，考虑工序时只将小车能出入箱体即可，施工工艺程序应由具有一定专业知识和相当实践经验的工艺技术人员来做；此法可提高功效和接缝质量。

Q345，Q370，Q390，低合金高强度钢，桥梁用钢 I 形坡口全熔透对接接头 20mm 板厚埋弧自动焊。此种工艺方法在重型机械,电力施工,压力容器行业的部分企业已是成熟工艺技术。此工艺技术的优点颇多:①功效高。省去了坡口斜面加工工序,正背面各焊一道焊缝完成;②省焊材。符合填充金属尽量少原则;③质量高。按考虑冶金因素或熔合比的作用考核,比按熔敷金属名义保证值更符合"等强"要求。不言而喻,省工作量。而此工艺技术最好的特点是:焊后焊接变形小甚至无焊接变形,它免去了焊后"热矫正"的危害。如下图3-1所示:

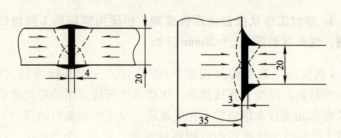

图 3-1　工艺示意图

说明:图中虚线录于接缝宏观金相影迹;全黑部分是填充金属示意;一是冷凝时收缩应力方向示意。

图中接缝宏观金相影迹轮廓内我们可认为是焊缝熔敷金属即母材金属、焊丝、焊剂经电弧冶炼熔合,冷却结晶的结果;而施焊前接缝组拼状态如图3-1减掉全黑的组拼间隙和余高部分,因此可认为组拼间隙和余高部分便是填充金属量,熔敷金属的其他部分便是母材金属在原位置被电弧冶炼熔合后在原位置冷却结晶再冷却至常温。因此就焊后残余应力讲其方向大部分是垂直于焊缝中心线方向而棱角度变形方向很少且正背两面几乎相等。经施工焊缝检查:焊缝长度不大于3m的拼板接缝纵向收缩小于1mm,无棱角度变形,无板料波浪变形,无需做任何"矫正"。较长的拼缝可采用端头交错1.6m为一段分段逆焊法效果很好。

以上讲的是I形坡口,窄间隙对接接头全熔透结构焊接接头的工艺技术的优越性;至于工艺方法,可以说简单易行;如图3-2所示。

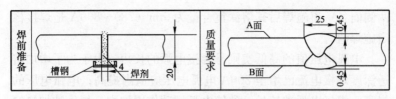

图 3-2 工艺方法

焊前准备：①一般铆工（板钳工）作业板材组拼前须对板料进行"找方"加工，即切割板料边缘不直度和四边不垂直度加工。②应对"找方"加工后板料边缘进行直探头超声波探伤检查，以排除板材"分层"原始缺陷。③按上图将除锈，去污后的板料组拼，其间隙为4mm（可以3.5~4）并装配两端引熄弧板（引熄引板亦是I形坡口其间隙与主焊道相同）。④当组拼板料接缝长度不大于2m时接缝下侧采用一平直槽钢，槽内敷满埋弧自动焊焊剂且如图3-2敷满装配间隙，以作熔剂垫之用，起承接熔池并参与电弧冶金反应保护焊根不产生缺陷作用。长度大于2m时可在高度不小于500mm的平架上拼焊，接缝底面可用磁铁块吸压薄铁条用来致密接缝间隙不使焊剂脱落，焊剂敷盖接缝充满间隙便可正常施焊，磁铁、铁条可重复使用。

工艺规范参数选择：前文关于埋弧自动焊初级工艺理论作了些研讨，现将其重点部分作一些重述：《钢制压力容器焊接规程》JB/T 4709—2000标准释义中阐明：埋弧自动焊时"对接焊缝I形坡口（即不开斜端面坡口，不清根）全熔透结构缝适用板材厚度其δ_{max}为20mm，正背两侧面各焊一道完成"。"这样的坡口尺寸最大电流值一般不超过850~900A，这样的热输入量对于低碳钢和$\sigma_b \leqslant 490MPa$的强度型低合金钢来说，其接头性能可满足要求。""通常都是按熔敷金属名义保证值来选用焊接材料，而熔敷金属实际强度又往往超出名义保证值很多。"其强度更能满足要求。对于20mm板厚I形坡口双面埋弧自动焊其使用焊接电流值一般为780~800A经施焊后焊缝截面宏观金相影迹显示：其单侧面首层焊道熔透深度为14mm，熔敷金属截面积为$1.43cm^2$，两侧面各一道施焊后其熔深重合量为5mm(780~800A是焊接稳定施焊值)。

电弧电压值的高低实则是焊接电弧的长短，由于为了增加熔透深度焊接电流已增至800A电弧电压应适当提高；电弧电压的提高，焊接电弧被拉长；致使电弧摆动作用加剧，焊件被加热的面积增加，熔宽也增加；由于电流较大"潜弧"现象存在，较多的电弧热被用来加热窄间隙两侧的母材金属和焊剂，此时焊丝的熔化量并未增加而与母材金属融合后液态金属被分配在较大的面积上，这些因素存在的同时使电弧对熔池底部液态金属的排出作用变弱熔池底部接受的电弧热较少了，尽管存在4mm间隙亦能保证熔深的施焊不必担心焊穿，当采用800A焊接电流施焊时，电弧电压应控制在40~42V范围内调节。

焊接速度及焊丝直径相关因素前文已有相关讨论不再重述，对I形坡口，窄间隙埋弧自动焊施焊$\delta=20mm$，Q345，Q370低合金钢板对接全熔透焊接接头一般使用$\phi 5mm$ H10Mn2焊丝，或用H10Mn2E焊丝，SJ101或SJ101q焊剂均可满足性能要求。焊车速度19m/h，18m/h施焊正背两面，焊前无需预热，重要结构部位接头应作300~350°"热后"，以消除熔敷金属氢含量。(在施焊第二层面时电弧电压可降至38V)。

这里要着重提示的是：目前建筑钢结构，钢桥结钢制造安装企业大部分已是"管理型"企业，有一种说法是"充分利用社会力量求大发展"。在监理工作的考察承包企业资质能力过程中，走过了五个大型企业均有这样的现象：车间焊接设备机群摆放，提供使用区内无网路供电电压表安装，甚至于埋弧自动焊机和焊接小车上，焊接电流显示和电弧电压显示表在停机状态时表针不归零位！这就不用再考察贵企业焊接设备是否"专人专机"，埋弧自动焊施焊时网压记录及相关调机记录了。众所周知：网路电压的变化对焊接电源静特性曲线随之变化的规范调整是非常必要的，否则如何保证焊接质量？另外此种焊接工艺要求埋弧自动焊设备的电弧跟踪性能准确性很高，因此焊车送丝矫直系统的矫直能力和行走系统包括车轨的直线性必须保证，否则将有因电弧跟踪性能差而产生未焊透缺陷。

2. 低合金高强度钢，桥梁用钢中厚板焊接过程中"消应消氢"法施焊

我们对在役焊接设备进行了机械部分，电源特性，控制系统，仪表由专业技术工程师作了专项技术测试和调整，并制定了"特殊过程"（依 ISO 9001—2000）埋弧自动焊中厚板施焊程序文件和管理制度，将工艺试验和实施于工程施工向纵伸进行。为了保证电弧跟踪的精确性，在将焊丝盘入送丝盘工序增加了用焊丝矫直（用强力矫直机）工序；以及矫直小盘焊丝在存、运过程中产生的弧弯塑变；并保证了送丝电机的工作稳定性。

在此基础上我们进行了 Q345，Q370(390) 材料板厚 25mm、28mm、30mm I 形、Y 形坡口窄间隙，全熔透对接接头焊接试验，均对接头焊缝进行了射线探伤和力学性能测试，结果合格；但并未将工艺投入工程施焊。

前文已述：我们"在提高接头使用可靠性方面作了部分努力"这便是并未将板厚 25mm，28mm，30mm I 形、Y 形坡口、窄间隙，全熔透对接接头施焊工艺投入工程施焊的原因。

前文已述：JTJ 041—2000 关于低合金钢厚度为 25mm 以上时埋弧自动焊焊前应预热，GB 150 标准关于低合金钢材料"采用预热工艺材料厚度 $\delta \geqslant 30mm$，焊前不采用预热的 $\delta \geqslant 28mm$ 均需要焊后热处理"的规定。"通过焊后热处理可以松弛焊接残余应力，软化淬硬区，改善组织，减少含氢量，提高耐蚀性，尤其是提高冲击韧性……"总之是提高焊接接头的使用可靠性。

低合金高强度结构钢，桥梁用钢，Q345，Q370，Q390 材料的焊接性能中：对"冷裂纹敏感"施焊此种材料时必须注意材料因素，必须采取相应措施。GB 150—1998 标准规定焊后热处理不无此间因素；因焊后"消应消氢"热处理后熔敷金属中焊接残余应力及含氢量将被全部消除。

焊接过程中，氢以原子或质子形式溶于熔池液态金属中，溶解度随温度的降低显著下降。液态转为固态时其溶解度急剧降低，氢呈过饱和状态，并促其形成分子氢，形成气泡外逸，但大部分氢气来不及逸出而形成气孔。以原子或质子状态存在的氢可在晶格自由扩散。由于扩散氢的富集可以引起"冷裂纹"；被焊金属材料厚度较大，焊接拘束应力使较大焊后残余应力亦较大；材料（母材）淬硬性较高；熔敷金属扩散氢含量再较高；三者相互作用便孕育了"延迟裂纹"；延迟裂纹是焊接冷裂纹的一种较普遍的形态；它主要特点是焊后不立即出现，也不能在无损检测中检出；而有一段孕育期，随时间的推移和动静荷载的作用逐渐形成的危害性裂纹，以至酿成灾难性事故；Q345，Q370，Q390材料厚度 $\delta \geqslant 25mm$ 焊前预热；$\delta \geqslant 28mm$ 焊后消应消氢热处理是必须的。

近几年来，超高层建筑钢结构，大跨度公路桥梁的快速发展，构件截面越来越大，使用材料厚度随之增加；而加工制造应遵循的规范，标准的标准化程度较之于机械，化工，电力行业尚有相当差距；短时间内让建筑钢结构，桥梁结构企业配齐热处理机具，设备，炉具，厂房和有经验的热处理工程师也不现实。于是又进行了 Q345，Q370，Q390 材料 $\delta > 20mm$ 中厚板焊接研讨。

前文我们引进了《钢制压力容器焊接规程》JB/T 4709—2000 中第 8 条焊后热处理，8.2 款中的焊后热处理厚度 δ_{PWHT} 规定和释义文字："需要进行焊后热处理起因是焊接，焊缝金属的厚度表明了焊接对残余应力、热影响区组织、性能影响范围及程度，因此决定焊后热处理的规范参数的对象应是焊缝厚度，而不完全是钢材厚度。"此外我们又学习、研讨、应用了该标准的相关规定"预热可以减低焊接接头冷却速度，防止母材和热影响区产生裂纹，改善它的塑性和韧性，减少焊接变形，降低焊接区的残余应力。"

"采用锤击消除残余应力时（尖锤，决不是平头锤）锤击会使焊缝金属侧向扩展，利用尖锤锤击延展熔敷金属及锤击振动使焊道的内部拉力在冷却时被抵消，故锤击焊缝金属有控制变形稳定尺寸、消除残余应力和防止焊接裂纹的作用。"

后热，对冷裂纹敏感性较大的低合金钢和拘束度较大的焊件应采取后热措施。

后热，它不等同于焊后热处理，后热就是焊接后立即对焊件的全部或局部进行加热或保温使其缓冷的工艺措施。它有利于焊缝中扩散氢加速逸出，减少焊接残余变形与残余应力，所以后热是防止焊接冷裂纹的有效措施之一。后热温度一般为200～350℃保温时间一般不低于0.5h。温度达200℃以后，氢在钢中大大活跃起来，消氢效果好，后热温度上限一般不超过马氏体转变终结温度，而定为350℃。

通过对以上相关规定和释义的学习和研讨，制定了低合金高强度钢，桥梁用钢中Q345，Q370，Q390材料$\delta>$20mm中厚板料对接接头（含T型接头）大钝边，窄间隙，全熔透结构焊接过程中"消应消氢"法施焊工艺方法和试验。实施规范收到了收获。

(1) 25mm板厚材料大钝边，窄间隙双面埋弧自动焊

前文已述25mm I形坡口，窄间隙双面埋弧自动焊已作罢工艺技术试验，检验，但是为了进一步提高工艺技术可靠性和增加接头使用可靠性，对 I 形坡口，4mm 窄间隙作了一些更动：其变更如图3-3所示：组拼间隙仍为4mm；钝边为18mm；人形坡口；依$\delta=$20mm焊接规范参数施焊正面；不清根施焊第2道中间层焊道；第2层焊道施焊完毕用一磅重尖锤打击焊碴的同时，将焊缝表面打击成麻面每平方厘米不少于4～6坑，以消除焊缝金属冷却收缩应力；又与此同时对焊缝加热作后热消氢；热保温后施焊作为回火焊道的盖面层焊道以改善其力学性能。目前一般企业都配备了"气锤"之类的手动工具，锤击焊道消除焊接残余应力，采用尖锤头气锤高频率打击效果更好。盖面焊道施焊后空冷即可；如此焊法较$\delta=$20mm窄间隙法施焊增加了消应消氢措施有利于提高接头使用可靠性，经检验，检测、试验效果好，投入工程施工焊接时仍采用前文所述"熔剂垫法"施焊。

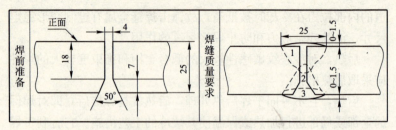

图 3-3 I 形坡口变更示意

28mm 板厚材料对接焊缝施焊,亦采用 18mm 钝边,人形坡口,窄间隙 4mm 接缝准备;焊前 200℃预热;先焊钝边侧面,同样依前文 $\delta=20$mm I 形坡口窄间隙全熔透对接接头施焊工艺参数施焊;V 形坡口侧施焊两层,一是钝边填充层,一是盖面层;如下图 3-4:施焊第 2 层焊道前仍需预热;施焊后立即用尖气锤锤击焊道在击掉焊渣的同时将焊缝表面击成麻面,将焊接残余应力振击延展而消除,然后施焊盖面层(第 3 层)回火焊道。施焊完成立即对焊道"后热"(不再作锤击)。

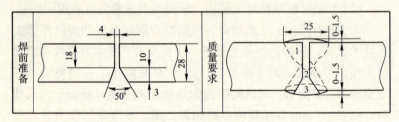

图 3-4 V 形坡口侧施焊

(2) 低合金高强度钢,桥梁用钢 Q345,Q370,Q390 材料,板厚 30～60mm 对接接头施焊。两年以来我们进行了下图 3-5 几种接头研讨、施焊、实验、试验检验、检测结果合格。具体工艺容后述:

前文已述:我们从 JTJ 041—2000 规定:埋弧自动焊施板板厚度 $\delta\geqslant25$mm 时应预热和《建筑钢结构焊接技术规程》JGJ 81—2002 关于消除应力热处理及 JB/T 6046 的相关规定;尤其是《钢制压力容器》GB 150—1998 和《钢制压力容器焊接规程》

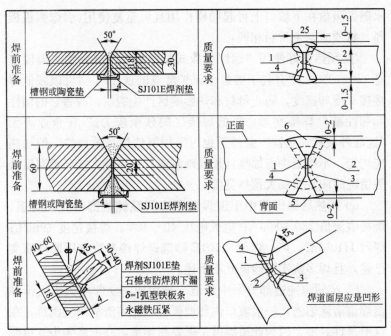

图 3-5 焊接接头工艺实验

JB/T 4709—2000 中关于 δ_{PWHT} 的概念变更及关于"锤击消应"、"预热""后热"概念释义应用范围及方法和在焊接过程中的作用得到了技术营养；进行了如上图 3-5 焊接接头的工艺实验，并取得了较好效果。

1) 30mm 板厚、平板对接接头，大钝边，双 V 形坡口、熔剂垫承接、保护首层焊道熔池根部、焊接过程中消应消氢法施焊工艺：焊前准备如图示且应在胎架上垫平，焊剂槽长度不小于接缝长度加 400mm。引熄弧板的坡口加工须与主焊道相同，其长度：引弧板不小于 200mm 可用于调整工艺参数后进入主焊道施焊，当网路电压不稳定时更应如此；熄弧板不小于 100mm；装配间隙亦与主焊道相同。焊剂槽中盈装埋弧自动焊焊剂；焊件放其上压实且间隙内充满焊剂；接缝长度大于 3m 时可用陶瓷垫粘贴于下坡口以承接间隙中的焊剂(此法浪费)也可用 $\delta=1$ 铁条用永磁铁吸敷在下坡口上可起同样作用且可重复使用（引熄弧板板厚，材质应与主材料相同）。

① 预热最好使用"远红外板式加热器"加热，预热温度应是150～200℃"有利于熔敷金属扩散氢的逸出"。"可以减低焊接接头冷却速度，防止母材和热影响区产生裂纹，改善它的塑性和韧性减少焊接变形，降低焊接区的残余应力。"在企业尚无"远红外板式加热器"条件下也可采用氧炔焰烤枪预热，但加热应均匀，不得集中点加热且须准确测温；拘束较大或环境温度低等情况时应适当加大预热宽度。

② 预热后施焊图中1道焊道即窄间隙钝边部分正面焊道，焊接电流值780～800A；电弧电压40～42V；焊接速度19m/h；焊丝H10Mn2，ϕ5；焊剂SJ101E筛选；焊接参数选用原理前文已述，且焊多次实验验证此不赘述。

③ 窄间隙钝边部分图中焊道1施焊毕，立即用尖头气锤振击焊道清除熔渣；一般坡口内部埋弧自动焊熔渣清理较困难，在这里是件好事，因为此道焊道正需要高频率，高密度尖头气锤振击焊道表面，击打成麻坑，用以打击延展熔敷金属表面使焊道内部拉力在冷却时被震击延展而抵消，产生控制变形、稳定尺寸、消除残余应力，防止焊接裂纹的作用；一般锤击消应法对第一层焊道因其比较薄弱，经不起锤击，而盖面层焊道会因锤击冷作硬化，没有被下一层焊缝回火处理的可能，故第一层焊道和盖面层焊缝不宜锤击；而大钝边、窄间隙法施焊的此焊道经宏观金相试验影迹显示其熔深已大于14mm，熔敷金相截面积达14.3cm^2，经得起锤击且本工艺需要在焊接过程中消除焊接残余应力。在清渣同时用尖头气锤振击消应。

④ "对冷裂纹敏感性较大的低合金钢和拘束度较大的焊件应采取后热措施。后热就是焊接后立即对焊件的全部或局部进行加热或保温，使其缓冷的工艺措施。它不等于焊后热处理。后热措施有利于焊缝金属中扩散氢加速逸出，减少残余变形与残余应力，所以后热是防止焊接冷裂纹的有效措施之一。"温度达到

200℃以后，氢在钢中大大活跃起来，消氢效果好，后热温度的上限一般不超过马氏体转变终结温度，而定为350℃；"保温时间不低于0.5h"因此该层焊道在用尖头气锤震击延展焊线熔敷金属消除焊接残余应力时焊缝表面震击痕（麻坑）每平方厘米应不少于6点。消应后立即加热至后热温度并保温。保温0.5h后空冷，当温度降至预热温度线时，便可施焊下层焊道起双重作用。

⑤ 30mm板厚，大钝边，窄间隙法施焊，第2层焊道（如图示）便是正面焊缝盖面层焊道；为满足盖面宽度要求，施焊时焊车送丝系统将焊丝前倾15°，指向焊接方向使电弧起此预热作用增加熔宽，盖面层不需过多溶深，V形坡口开口宽度25mm以下盖面层不应焊两道加宽；盖面层焊后，后热翻身。

⑥ 焊件翻身后施焊图标第3层焊道，即背面钝边部分，只是不需再有熔剂垫。150~200℃预热后施焊，焊接电流800A，弧压38~40V，焊接速度21m/h；焊后尖锤头气锤震击延展焊缝金属消除残余应力（与清焊渣同时进行），消应同时对焊道进行300℃后热，保温，空冷；待降温至预热温度时，便可实施第4层，即背面盖面层施焊；其工艺程序，技术措施工艺参数和方法与该焊缝图标第2层，即正面盖面层焊道相同。

2）60mm板厚，大钝边，窄间隙双面50°V形坡口，熔剂垫承接并保护首层焊道熔池根部焊接过程中实施消应消氢法施焊工艺：焊前准备明细过程与前文 $\delta=30mm$ 施焊相同；预热方法、程序亦相同，只是其面积稍大，是板厚增大拘束度大的原因；锤击消应不少于每平方厘米6点；全过程简述如下图3-6所示：

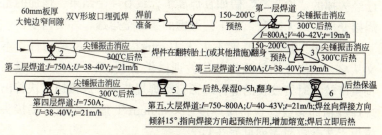

图3-6 消应消氢法施焊工艺流程图

3) T形全熔透对接接头，熔剂垫承接并保护船形位焊道熔池根部焊接工艺：一般焊制H形结构件，翼缘板较腹板板厚较大，T形接头采用船形位置实施平位置施焊。窄间隙熔剂垫法埋弧自动焊较之于普通工艺有功效高质量好的优点。最大优越是变形小，残余应力水平低。当腹板板厚不大于20mm时可不开坡口，腹板两侧各焊一道完成，其组拼间隙为1.5～3mm；腹板厚度大于20mm时如下图3-7工艺施焊；腹板不大于20mm时亦应如下图3-7实施熔剂垫焊前准备。

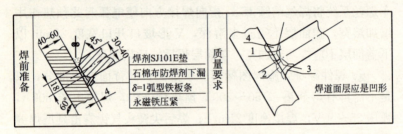

图3-7 施焊工艺示意图

通常都是按熔敷金属名义保证值来选用焊接材料，而熔敷金属实际强度又往往超出其名义保证值很多，如再考虑电弧冶金因素或熔合比的作用，实际焊缝金属的强度水平将远远高出焊接材料熔敷金属的名义保证值。愿望是"低强"匹配，实现的可能是"等强"；愿望是"等强"，现实可能"超强"。船形工装架的功能是焊缝成形为稍有下凹，两边平直不咬肉"圆滑过渡"，焊缝宽大于坡口开口宽3～4mm的美观焊缝；不应再提及标准"术语"已经去掉的"增强高"假如真焊高了，只有一个结果：增加的是焊接变形，绝无毫利，本工艺考虑的是：全熔透，外美内坚。

T形接头其腹板厚度不大于10mm构件属轻型结构件，本文从略，顺便介绍某施焊单位教训以供参考：8～12mm接缝在拘束度较大时接较长的缝，埋弧自动焊规范大，焊接速度快曾出现焊缝横向裂纹。现将腹厚度12～20mm T形全熔透对接接头施焊工艺参数简表列见表3-1：

全熔透对接接头施焊工艺参数　　　　　　　　　表 3-1

腹板厚度 (mm)	组拼间隙 (mm)	熔剂垫情况	焊接电流 A	电弧电压 V	焊接速度 (m/h)	备注
10	0~1	不加	600±20	38~40	28	弧压不低于38V
12	1~1.5	不加	650±10	39~41	28	弧压不低于39V
14	1~1.5	不加	750±10	40~42	28	间隙不等时加垫
16	1.5~2	加装熔剂垫	780±10	40~42	26	注意弧压波动
18	2~2.5	加装熔剂垫	800±10	40~42	25	间隙不得大于2.5mm
20	2.5~3	加装熔剂垫	800±10	41~43	24	

　　T形全熔透对接接头腹板厚度大于20mm时与前文平板对接工艺相同，均采用大钝边窄间隙，且增加控制变形，消应消氢工艺技术措施。

　　图示中焊接层次顺序是企业拥有较大型翻转焊接胎架双机施焊时的最佳顺序；无大型工艺装备（胎架）企业可采取控制变形措施采用(1.4)(2.3)顺序单侧施焊后翻身。

　　焊前准备：凡腹板厚度大于20mm的H型构件其翼缘板厚度必在30mm以上，因此其接头拘束度必然较大，加之材料的焊接性能等因素必须考虑：焊前预热，焊接过程中消除焊接残余应力，消除熔敷金属扩散氢含量，防止焊缝产生裂纹，延迟裂纹，减少焊接变形的工艺技术措施的适时准确实施于焊接过程。尽管工艺过程复杂化了，但其目的和结果是保证产品结构的使用性能。

　　焊前在焊件接缝两端装配与主焊道材料厚度，坡口加工形式装配精度完全相同的引熄弧板，这应该是焊接工程常识；本工艺所配熔剂垫部分必须延至引熄弧板，其长度同前文。

　　焊接工艺过程：仍采用焊前150~200℃预热工艺；机具方法同前文；第1层焊道施焊仍用熔剂垫承接并保护熔池根部工艺方法。焊接电流 $I=780\sim800A$；电弧电压 $U=40\sim42V$；焊接速度 $t=20m/h$；焊接完毕立即采用尖头锤（气锤或一磅尖头手锤)振击第一层焊道,须每平方厘米不少于锤至麻坑 6 点,以消除焊接残余应力,减少焊接变形。锤击完成的部位立即作"后热";即锤击,后热相继进行。保温 0.5h 后,加热至预热温度施焊该侧盖面层焊道(腹板厚度大于 30mm 板厚的不多见。如大于 30mm 另议;一般 T 形接头每侧两层焊道即可完成;如企业拥有翻转胎架则施焊图示第 2 层焊道是最佳程序);盖面层焊道采用 $I=750 \sim 800A$;$U=40 \sim 42V$;$t=21m/h$ 焊后、后热、保温、第二侧大钝边部分焊道,即图标第 2 层焊道施焊:焊接电流 $I=780 \sim 800A$;电弧电压;$U=38 \sim 40V$;焊接速度 $t=19m/h$。焊后尖锤振击消除残余应力、后热、保温、空冷,降温至 $150 \sim 200℃$ 即是降至预热温度时施焊第二侧盖面层焊道仍是 $I=750 \sim 800A$;$U=40 \sim 42V$;$t=21m/h$;焊后,后热、保温、空冷完成接头施焊。

我们在学习引进钢制焊接结构制造安装各行业的标准,规范和工艺方法中汲取营养,努力在研讨试验检验,检测后有较好成效的基础上投入工程施工;确保产品结构长期使用可靠性。

前文所介绍的各焊接接头的施焊工艺方法,为了讲清工艺技术依据的标准或标准释义和每一工序具体内容,程序操作方法及其应有效果,因此着墨较多,不无繁琐。若简而言之;低合金高强度结构钢,桥梁用钢,Q345,Q370,Q390 材料其板料厚度不大于 20mm 时对接接头全熔透接缝应采用 I 形坡口,窄间隙焊前准备,单面焊时焊一道完成(或两道),双面焊时,内外各焊一道完成;可焊得高效率、变形小(甚至无棱角度变形)焊接残余应力小的满足棱头性能要求的接缝;其板料厚度大于 20mm 时的 $18 \sim 20mm$ 大钝边,4mm 间隙,两侧面较小的双面 V 形坡口,首层焊道熔剂垫承接并保护熔池根部,焊前准备;工艺过程中采用:①焊前坡口及坡口两侧 $150 \sim 200℃$ 预热;②每层焊道施焊完毕后,立即在清除焊渣的同时用尖头气锤(或一磅重尖头手锤)高密度锤击焊缝表面,利用锤击振动延展熔敷金属使焊道内部拉力在冷却时被抵消,达到消除该层焊道,焊接残余应力的作用;消应工序之后对该层焊道作不高于 350℃ 温度后热，保温 0.5h 后空冷，待降温至 200～150℃ 时视同预热温度，连续施焊下层焊道，以减低焊接接头冷却速度，防止母材和热影响区产生裂纹，改善塑性和韧性，减少变形，降低焊接区的残余应力。利用预热，后热和连续施焊消除熔敷金属扩散氢含量；每层焊接后，立即有多个夹锤震击焊缝表面，击打密度不小于 6～9 点/cm² 消除残余应力，最外层焊道不作锤击，它是"回火焊道"且应防止冷作硬化。

　　大钝边，窄间隙，60mm 板厚拼焊时两侧 V 形坡口开口宽只有 22mm。前文已述：在做好电弧自动跟踪精确性相关工作情况下：大大地减少了填充金属含量、减少了焊接层次，数量，即减少了层间缺陷的出现几率；控制减少了焊接变形和残余应力。

　　在《焊接术语》GB/T 3375—1994 中，焊后热处理是指："焊后，为改善焊接接头的组织和性能或消除残余应力而进行的热处理"；ASME《锅炉压力容器规范》第Ⅸ卷"焊接与钎接评定"中，焊后热处理则指"在焊接后的任何热处理"（美国）；《焊接术语》JISZ 3001—1988 中，焊后热处理则是"对焊缝或焊接结构在焊后进行热处理，常见的是消除应力热处理"……。我国《钢制压力容器焊接规程》JB/T 4709—2000 标准，提出了 δ_{PWHT} 未经热处理的最大焊后热处理厚度这一概念性变更标准释义中告诉我们："需要进行焊后热处理起因是焊接，焊缝金属的厚度表明了焊接对残余应力热影响区组织、性能影响范围及程度，因此决定焊后热处理的规范参数的对象应是焊缝厚度而不完全是钢材厚度"。

　　如前文所述，施焊板料厚度大于 25mm 对接接头，大钝边，窄间隙全熔透结构接缝埋弧自动焊工艺技术规范全过程中，每一层根焊焊道和填充焊道均焊前预热，焊后立即锤击震延内部拉力消除残余应力、后热，连续施焊工艺程序下焊接；就每一层焊接层次而言，其焊缝厚度均小于 20mm，均进行了消除熔敷金属氢含量、控制变形、消除残余应力、改善性能的相关工艺技术措施实施和监控，收到了较好的功效。

在焊接试验过程中我们每一组合焊件，拟定施焊工艺参数三组以上，分别施焊，通过宏观金相影迹审查选其优者；再作工艺技术措施连续和间断延时试焊，经微观金相研讨舍其劣者进入工艺技术规范评定程序和施工监控程序。工艺技术规范评定，不同于普通焊接工艺评定；本工艺技术施焊程序拟定了焊前预热、预热温度和范围；焊后清渣同时锤击消应、锤击力度和密度及时；尾随消应过程之后的"后热"及后热温度（预热，后热如采用远红外板式加热器时，加热板应预热。尤其是后热前必须预热加热板，否则形成反加热时焊缝会降温）等工艺技术措施；其符合性，合理性及效果必须通过微观金相分析，焊接残余应力测定，焊接接头熔敷金属定氢和应作的普通焊接工艺评定检验，检测，试验一并综合评定方可完成，且应选其优。

本文所述以埋弧自动焊施焊低合金高强度结构钢，桥梁用钢中 Q345，Q370，Q390 材料中厚板对接接头，20mm 及以下板厚 I 形坡口全熔透结构施焊，20mm 板厚以上大钝边，窄间隙两侧面小开口 V 形坡口对接接头双面焊；焊接过程中消应消氢法施焊工艺技术规范评定为范本记述；严格执行工艺纪律，依本工艺规范施焊低合金高强度结构钢，桥梁用钢 Q345，Q370，Q390 材料中厚板，全熔透结构对接接头，埋弧自动焊，能焊得功效高、质量好、焊接变形小（甚至无变形）、残余应力小、熔敷金属扩散氢含量被消除，满足长期使用可靠性的结构焊接接头。

第4章 焊接工艺"过程控制"的重要性

前文已述：焊制钢结构的基础质量，是其焊接接头的使用性能和焊接缺陷；ISO 9001—1994版中阐述了"特殊过程"概念："当过程的结果不能通过其后的产品检验和试验完全验证时，如加工缺陷仅在使用后才暴露出来，这些过程应由具备资格的操作者完成或要求进行连续的过程参数监视和控制以确保满足规定要求。"ISO 9001—2000版将其描述为："这包括仅在产品使用或服务之后问题才显现的过程。"

焊制钢结构的使用性能保证过程；即其焊接接头使用性能保证过程；如低合金钢焊接性能中的氢敏感及延迟裂纹的产生延迟性过程，焊制钢桥时时刻刻均在动载下运营……这些使用可靠性保证过程应视为"特殊过程"；现就关于"过程能力预先鉴定"（认证）的对象：4MIE中的"人，机，法"部分及"过程参数的连续监控"（再确认）部分作些重点提示和说明：

《钢制压力容器焊接工艺评定》JB 4708—2000标准原理第3条："焊接工艺（指导书）是由具有一定专业知识和相当实践经验的焊接工艺人员，根据钢材的焊接性能，结合产品特点，制造工艺条件和管理情况来拟定的。"此条不只是"原理"还应是常理；但目前各大型企业满足"有一定专业知识"者居多，同时满足"相当实践经验"者寡；对个人讲是以焊接技术安身立命应是乐于事者勤；对管理者讲是为企业进步培训人才。

焊接中厚度低合金板料对接接头，应由具备资格的操作者完成；因是"特殊过程"尚需对操作者进行"工法"培训：如焊前预热工艺方法的实施及预热机具的使用，温度测量的方法，测点位置，数量（点数范围），用远红外板式加热器的程序等；后热时及后热前加热器需预热至300℃，避免"反加热"

等；焊缝施焊后其表面是作尖锤震击的最佳时机。击打力度，表面形态密度，方法，测量确认，与后热工序的衔接时机；各段顺序、焊接工艺参数调整范围、与网路电压的相关的检查程序、时机，仪表显示……均应作相关操作培训，培训后方可上岗操作且严格考核工艺纪律，责任到人且有追溯性记录交接。总之人员的培训，管理必须到位。

本工艺技术规范是低合金钢材料中厚板全熔透施焊对接接头，焊接过程中消除焊接残余应力，消除焊缝区域熔敷金属氢含量的提高焊接接头使用可靠性工艺方法。在实施焊接操作前必须进行深入，细致，透彻的工艺技术交底，培训。

功欲善其事，必先利其器。焊接设备——埋弧自动焊机的电性能，动、静特性情况，电控性能灵敏度仪表显示，机械传动部分情况，尤其是电弧自动跟踪的精确性，必须在完好的受控状态下工作正常和调整到位，工艺装备一般是依产品形态施焊需要、以高效、高质量施焊为目的创造性设计，制造，调试后投入使用的，它应是焊接工艺人员不可懈怠的创造性劳动，应不断更新。这便是所谓"机"部分的工作亦应投入"特殊过程"管理，"确认"后方可投入操作，过程中作连续监控。焊材Ⅱ级库管理亦在此列不作赘述。

所谓连续监控，即是对影响焊接过程质量的4MIE，五个方面因素不断地监控其是否正常，是否发生了变化，如果任何一方面发生变化，则责任者对其实施再确认，以判定其是否符合要求，如有不符合则纠正，再确认。连续监控的目的是确保影响焊接质量的诸因素，始终处于控制之中，从而保证焊接接头使用可靠性符合要求。

第5章 中厚板手工电弧焊、埋弧焊及铸钢节点焊接技术

随着大跨度、超高层钢制焊接结构的迅猛发展，结构截面不断增大，设计工程师采用的钢板厚度越来越厚，结构型式随之新颖多样；为了处理大型结构设计中的结构复杂交汇的节点，加工性能良好的铸钢件已有应用。

铸钢构件作为复杂交汇的钢桁架节点，一般工程中使用较少；目前建筑钢结构建造企业和大型钢桥结构建造企业对此类焊接接头的施焊工艺储备及施焊工艺技术措施充分可靠性较之于冶金、电力、化工机械行业并不乐观。为此学习了相关技术标准、技术书籍，结合"特种设备"行业的同行在已往工作中的经验谈一些相关想法和心得：

对于建筑钢结构、钢桥结构建造企业来讲：铸钢节点的应用并与其所在主结构桁架其他杆、板件焊接牢固后保证整体结构的使用安全可靠性是件新事物；阅读了一些相关技术书籍，查阅了一些建筑钢结构、钢桥系统企业近期发表，有关铸钢节点与桁架杆件施焊的焊接技术论文。其中"焊接技术要求高""现场可操作性差""铸钢材料有其自身固有缺点""超声波探伤检查不能为其缺陷定性"……语句频见于文中，它们介绍了一些施焊工艺方法和过程，概言之：铸钢节点与桁架杆件焊接较难，克服了困难，完成了工程施焊任务；但文中关于怎样采取哪些工艺技术措施以提高焊接接头使用安全可靠性事宜均着墨不多。

心之官则思，思索是人的良能。头脑对某一事物长期逻辑思维过程的高度浓缩后便可以得到"举一反三""触类旁通""悟有峰回路转崖"的思索效果。医学人体生命科学中未知数最多，航

天技术科学也带着生命科学的未知数去探索；得暇，读古医书，《素问·阴阳离合论》有"数之可十，推之可百，数之可千，推之可万，万之大不可胜数"这是它的复杂化，论其捷便"然其要一也"；还举出了"任督二脉环流，阴阳相贯，如环无端……"健体，祛病，驱邪的由二返一的例证；《灵枢病传篇》中则将"由多返一"论为："守一勿失，万事毕者也"。

  焊制金属结构的基础质量，是其焊接接头的使用质量和焊接缺陷。简单地说，与古医书人体生命科学并无关联；慎思起来其应有的思想观念确有相通之处：首先每份钢桥，建筑钢结构设计施工图中均应有"使用寿命"或年限条款，而生命科学是人经锻炼，变革条理而要享天年；焊接接头因工艺不当，操作有误，技术措施不充分会产生缺陷，这岂不是生命科学中阴阳失合大风，核毒，邪侵会有病发相近。目前焊制钢结制造企业中，材料系统，工艺系统，质量管理系统，焊接系统组成了产品质量管理体系；无损检测部门或公司，按规定要求是独立法人单位。无损检测手段尽管不少，RT，UT，MT，PT检测手段其灵敏度，检出率各有所长，但是它检测的只是焊接接头的静态质量，且检出率仍有局限性：如射线探伤（RT）对焊缝横向裂纹检出率与探伤操作和探伤工艺计算符合率有关；超声波探伤不能对缺陷精确定性等。而焊接接头在使用状态下的质量变化是无法预先查出的；延迟裂纹，突发性脆断缺陷就是如此；甚至引发灾难性事故！况且无损检测人员是查出缺陷存在，即找出"病"来，至于产生原因？致病原因和处理方法，即治病方法他们是无能为力的。对于焊接性能中存在氢敏感的强度型低合金高强度结构钢，桥梁用钢的中厚板焊接及它们与其所在结构中的铸钢结点焊接我们的思索，研讨过程遵循"守一勿失"，这里的"一"是"提高焊接接头安全使用可靠性"的"一"来思索研讨"由二而一""由多而一"的焊接施工相关过程。传统医学提倡"治未病"，《内经》有云："夫病已成而药之，乱已成而治之，譬犹渴而穿井，斗而铸兵，不亦晚乎"。

1. 关于母材，焊材，焊缝金属

建筑钢结构，钢桥结构产品，设计工程师选用的主体材料多为低合金高强度结构钢、桥梁用钢。它们分别隶属于 GB/T 1591；GB/T 714 的标准；它们都是经过投料于平炉、转炉或电炉冶炼，为了强度要求或改善性能加入了锰、钒、铌、钛……元素冶炼，得到了一定强度符合标准中各牌号，化学成分熔炼成分的钢坯，经热轧、控轧、热处理后，便是以热轧控轧相应热处理状态供货的各牌号钢板、型材，可以认为是经"数不胜数"的过程归一为钢结构主体材料的过程，是焊缝一侧的母材。铸钢节点件是按设计要求铸造，加工的成品体用于主结构的节点部件。但对于主结构节点处的焊接接头而言，它是母材，只是与焊缝另一侧母材状态不同，是铸钢状态。

焊缝连接熔焊的两侧母材状态不同，为了施焊后保证使用性能，策划，编制"焊接工艺指导书"或焊接试验前必须对两侧母材金属均作材料材质和性能测试。热轧，控轧，锻制状态材料，型材测试已是常规，在此从略。铸钢件测试件的选取不能从铸造加成型的工件上选取，已周知；铸钢件铸造工艺程序有：铸造大型铸件或同炉铸造批量铸件，应当有同炉铸造，同炉热处理的"及尔"件和"梅花"件，用以作该铸件或同炉批量件的化学成分分析和性能试件，至于企业首次进行该种铸件焊接时是否要求当有焊接试件，其尺寸，加工状态应在委托铸造合同上标注。测试结果报告便是确定焊接方法，选择焊接材料，研究工艺技术措施，编制焊接工艺指导书，提出提高焊接接头使用性能相关方案的基础依据。这也是"守一勿失"的过程。

焊制钢结构的施焊方法，一般采用熔焊，即是手工电弧焊、气电焊和埋弧自动焊居多。焊接材料包括：焊条、焊丝、焊剂、气体、电极和衬垫等。我国焊条、焊丝、焊剂、药芯焊丝标准大都等效采用或参照 ANSI/AWSA 美国国家标准。如 GB/T 983 等效于 ANSI/AWSI 5.4 标准；GB 5118 等效于《低合金钢药皮焊条规程》ANSI/AWSA 5.5—1981；GB/T 12470—2003 参照的是《埋弧自动焊用低合金钢焊丝和焊剂规程》ANSI/AWSA 5.23—1979；我国焊材国家标准是通用性焊材标准，适用于各种行业。建筑钢结构，钢桥结构焊接使用的焊材依熔敷金属性能不低于母材原则在相关标准中选用焊材是合理的、可行的，这也是"由多反一"的过程，铸钢节点接头施焊据经验亦可如此选择焊材。

焊缝金属是少量母材金属（熔合比各有不同）填充金属，经电弧冶金因素：气体电离，电弧稳定燃烧，有效地隔绝有害气体侵入的电弧气氛，可调电流产生的电弧热，掺入有益金属等电弧冶金过程熔炼、冷却，结晶形成的焊缝全是铸钢状态金属，是经电弧冶金形成的铸钢状态金属。

普通钢制焊接结构的焊接接头，其结构状态组合应是：两个或两个以上热轧或控轧锻制状态的母材金属与一条或多条铸钢状态的焊缝金属电弧冶金熔炼组合状态；这也是"由二反一"的组合，熔汇后满足整体使用性能。中厚板对接接头需采用多层多道焊；第一层焊道是以上所说的"由二反一"的融熔组合，第二层焊道至焊接终了，其施焊电弧冶金过程是：对于母材的每一侧讲是铸钢状态的焊缝金属与轧制状态的母材金属熔汇组合；对已焊毕的焊道讲便是铸钢状态金属上堆焊熔汇组合；只是不曾有谁说：焊接工艺较难而已。铸钢节点本就是铸钢状态，与焊缝金属状态相同，只要其化学成分冶炼分析值与主体结构材料范围相同或相近，碳当量 $C_E \leqslant 0.45$，力学性能不低于桁架主体材料，施焊过程仍是"由二反一"的过程，必要的焊接工艺技术措施必须实施，以保证整体结构使用性能可靠性。

2. 低合金高强度结构钢，桥梁用钢中厚板间焊接及与铸钢节点施焊

(1) 关于焊接工艺评定

焊接工艺评定概念：指为验证施焊单位所拟定的焊件焊接工艺的正确性而进行的试验过程及结果评价。且必须在焊件施焊前完成合格的焊接工艺评定；同时评定了施焊单位的技术能力焊接工艺评定的一般过程，是首先拟定(编制)"焊接工艺指导书"而焊接工艺指导书应由具有一定专业知识和相当实践经验的焊接工艺人员根据钢材的焊接性能，结合产品特点和本企业制造工艺的条件和管理情况来拟定。焊接工艺评定项目的拥有情况是企业技术储备的标志之一。如与强度型低合金钢匹配焊接的16Mn铸，20铸，又如铸钢件材质按德国DIN 17182的CS—25Mn与标准控制，主要性能指标：屈服强度$\geqslant$230MPa、抗拉强度$\geqslant$450MPa、延伸率为20%、损耗冲击功$\geqslant$40J、碳当量$\leqslant$0.42的铸钢部件，其施焊工艺在化工机械(压力容器制造)、电力建设、冶金建设行业已有较成熟的施焊工艺技术，行业间学习、交流应该是企业寻求进步提升技术能力的捷径，本企业的焊接工艺技术人员应在提高专业知识范畴、丰富实践能力上加强。对于低合金高强度结构钢，桥梁用钢中厚板(δ>25mm)平板对接，T形对接全焊透焊接接头及它与铸钢节点的焊接接头，"焊接工艺评定"过程的常规验证并没达到使用安全可靠性保证目的；因板材(包括铸钢件)厚度大，施焊时拘束度就高，焊后残余应力就大些；低合金钢焊接性能中有"氢敏感"(即冷裂纹敏感)。材料强度高，存在焊接残余应力，熔敷金属扩散氢含量高，三个因素同时存在时，焊缝最易产生，在结构使用过程才显现的，事先无法预测的严重缺陷：延迟裂纹！因此要仍以"守一勿失"继续思索探讨，以使用安全可靠性为"一"守下去：采用清除焊接残余应力，消除熔敷金属扩散氢含量工艺技术措施施焊，然后通过对焊件进行焊接残余应力测定，微观相组织观察，熔敷金属定氢测定后确定"焊接工艺规范"。真的是：视归途其甚远，策扶老以遛酣。焊接过程中消应消氢法施焊工艺技术容后文介绍。

(2) 焊接工艺

1) 焊前准备及焊接坡口设计

① 低合金高强度结构钢、桥梁用钢、型材，均以熔炼分析材质，热轧，控轧，锻制状态供货；铸钢件，焊缝金属都是铸钢

状态；当它们的化学成分范围相同时，它们的力学性能却不一定相同，反过来也是如此。此种情况在焊前准备，焊接工艺评定试验过程中应留意，存在问题时应与设计工程师洽商。

焊接工程通常是按熔敷金属名义保证值来选用焊材，而熔敷金属实际强度往往超出名义保证值很多，如再考虑冶金因素或熔合比作用，实际焊缝金属的强度水平将远远高出焊接材料熔敷金属名义保证值。因此焊材选用在保证力学性能前提下，化学成分高于或等于与其连接件板材或型材隶属标准规定下限值不仅是合理的而且是可行的。

② 焊接坡口，应根据设计图样要求，本企业工艺条件选用坡口或自行设计；选用坡口形式和尺寸应考虑下列因素：

a. 焊接方法；

b. 焊缝填充金属量尽量少；

c. 避免产生缺陷；

d. 减少残余焊接应力与变形；

e. 考虑铸钢固有特点：铸钢节点件接缝处坡口应采用机械加工；加工成型后，对坡口坡面及近域板面 10～15mm 宽，焊道全长面积上，采用超声波，直探头，大平底试块调机，密排探伤，如发现坡口面 5～10mm 深度内存在砂状点缺陷时，精测深度打孔补焊，磨销至原加工状态备焊；

f. 尽量采用双侧坡口，对称焊。

2) 焊接方法的选用

半自动 CO_2 气体保护电弧焊，因其工艺优点：功效高，易操作，焊接较薄板时"焊接线能量"输入较小，焊接变形和残余应力不大而为各行业广泛应用。目前我国几个大型钢桥建造企业应用更全面，大有完全取代手工电弧焊的趋势；一些大中型建筑钢结构建造企业亦是如此。对于板厚大于 25mm 甚至 75～80mm 板厚的对接接头，T 型对接接头仍采用半自动 CO_2 气体保护焊，而半自动 CO_2 气体保护焊现行操作规范条件也有些要求：诸如导气嘴直径 20mm 需要伸入坡口的空间，焊丝抻出导电嘴长度，电弧长，焊枪操作角度等均有规定范围，因此设计坡口角度不得不大；于是焊接层次多了，填充金属量不能少，产生缺陷几率也多了些，焊接残余变形和应力增加了；有人说："半自动 CO_2 气体保护电弧焊，焊接线能量低。"那么如此多的焊接层数组成的单位长度焊缝的焊接速度值怎样代入公式计算？请斟酌。

　　半自动 CO_2 气体保护电弧焊，施焊较大坡口中厚板或铸、锻材料时，焊件装配会有大小不等的接缝间隙；因工件厚度大，施焊时便存在一定的拘束度，是在拘束应力下施焊。施焊第一层焊道时 $\phi1.2mm$ 的焊丝熔焊时，熔融状态截面不足 $12mm^2$ 的焊缝金属，冷却收缩时怎么拉得动两侧厚度大它近 10 倍或 10 倍以上的母材金属拘束应力？厚度大时熔池冷却又快，产生根焊裂纹的几率就多了，焊接过程中作施焊层间探伤检查（即每焊一层在下一层设焊之前作表面探伤查是否存在裂纹缺陷）只有化工机械制造行业在施焊高强度、脆硬性较高钢材时工艺文件规定了程序，一般企业均为施焊完毕做超声波探伤，如能发现根焊部位裂纹缺陷，其返修工艺有效，准确性能力仍是堪忧。裂纹缺陷存在将在结构使用状态中产生应力集中，引发灾难性事故。

　　铸钢节点存在的位置将在较大型复杂交汇的节点部位采用，其主结构桁架的板材，型材使用厚度不会薄，故不推荐采用半自动 CO_2 气体保护焊施焊低合金钢中厚板、型材焊接接头及铸钢节点接缝；这里指的是目前一些企业采用的半自动 CO_2 气体保护电弧焊的施焊工艺现状，而那些已经掌握了较先进的 CO_2 气电焊工艺技术的企业则截然不同。1976 年大连起重设备厂，焊接工艺工程师，改造了半自动 CO_2 气电焊，焊枪的导电嘴，并采用小直径陶瓷导气嘴罩，将其用于施焊 $\delta=100mm$，20 铸板材，两侧开口宽 20mm，直壁 U 形坡口，全熔透，对接接头施焊，得到了全熔透，接头性能略高于母材的良好效果；也是 1976 年中国建筑工程总公司的第一工程局，安装工程公司自行设计创造了运算放大器，网压控制（等效于当时日本行业水平），磁性软轨机械跟踪，平横立、仰全位置及管筒对接焊缝 CO_2 气体保护电弧自动焊，机械手设备获得了全国科技大会奖。30 余年过去了相信他们会有新的创造。

手工电弧焊，埋弧自动焊施焊方法是施焊低合金高强度结构钢、桥梁用钢中厚板焊接接头的较佳施焊手段，并适用于铸钢部体与主结构接缝焊接。

手工电弧焊焊工：1976 年以来国家劳动部，国家技术监督检疫总局先后制定颁发了两版焊工考核规则和相应培训教材、文件。电力部也是如此，多年来由省级劳动部门，后来是技术监督部门审核批准的焊工考核委、站，培训出了数以万计的技术精湛的焊工，他们要经理论和操作严格考核方能获得持证操作的资格；特种设备焊工考核规则中有一条可使招聘焊工的企业对持证焊工操作能力信任的条款：持证人员必须"平板对接、水平位置施焊、单面焊、背面自由成形施焊项目合格，否则板对接项目不发证。此项目合格说明该焊工已具有相当的操作技能这样可以说：施焊铸钢节点接缝的上岗焊工，具备Ⅱ类钢（考试规则规定低合金高强度结构钢桥梁用钢为Ⅱ类钢）"平板对接、水平位置施焊、单面焊、背面自由成形"项目合格，应是最低要求。因为要提高焊接接头安全使用可靠性，"守一勿失"。低合金中厚板现场立横仰位置施焊亦是如此。

手工电弧焊焊条：低合金高强度结构钢、桥梁用钢手工电弧焊时选用低氢型（也称碱性）焊条，J507 牌号焊条使用直流焊接电源；J506 牌号可用交流焊接电源，（空载电压高些更好用）；设计工程师选用的铸钢节点（或其他部件）的焊接性能一定与结构主体材料相差不多；又因为 J507、J506 焊条施焊后的焊缝金属实际强度必然高于其标准规定的熔敷金属保证值所以如此选用焊条是合理的、可行的；如果考虑板材厚度，铸钢件厚度大，拘束度高的抗裂性能选用 J507RH 则优于 J507，J506；如此分析 J506、J507 焊条施焊的焊缝抗裂性优于 CO_2 气电焊焊丝 H08Mn2Si 施焊的焊缝 J507RH 焊条施焊的焊缝抗裂性又优于

J507岂不是更有利。另外手工电弧焊焊条较之于CO_2焊丝粗3倍或3倍以上,可优秀焊工用焊钳卡牢固后能在较小的空间运动自如。这样低合金钢材中厚板焊接接头施焊时坡口不必开的过大,焊接层次可以减少,焊缝单位长度输入的"线能量"会减少,那么焊接残余应力,变形也会减少。故手工电弧焊是施焊低合金高强度结构钢,桥梁用钢中厚板结构中施焊位置苛刻,焊缝长度较短$l \leqslant 2000mm$,质量要求较高的焊接接头较佳的工艺方法。与此同时一些以半自动CO_2气电焊为主要施焊方法的钢桥制造企业,焊工培训任务较重,它们本企业"焊工培训考核委员会"的培训能力和操作教练水平尚需提高。

埋弧自动焊施焊工艺技术是早已成熟的工艺技术。为了确保焊接质量,避免返修和提高焊接接头的综合力学性能,世界各先进工业国家相继采用了单丝或双丝自动跟踪的窄间隙埋弧自动焊;我国JB/T 4709—2000标准已规定了"I形坡口(即不开坡口)它适合中厚板的埋弧自动焊高效焊接,双面焊时两面各焊一道完成,其$\delta_{max}=20mm$;我们经试验检测成功地完成了$\delta \geqslant 28mm$板厚采用20mm钝边,窄间隙,双面小坡口,平板对接接头,全熔透结构焊接过程中消除熔敷金属含氢量、消除焊接残余应力埋弧自动焊施焊工艺技术成果测试。据经验,适用于焊接性能与低合金高强度结构钢,桥梁用钢相近的铸钢部件施焊。

几十年来,各行业敬业的焊接工程师,精心设计焊接工艺装备,改进埋弧自动焊机械跟踪机具开拓埋弧自动焊施焊的焊接接头形式和范围,均在提高施焊功效,保证焊接接头使用质量,拓宽埋弧自动焊施焊领域工作上做出了卓越贡献:直径350~700mm;$\delta=8 \sim 20mm$钢板卷制管筒节每管节长1800mm;卷制后管筒内纵向焊缝施焊,埋弧自动焊焊车因管径小而不能进管施焊,他们设计,制作了小型探杆,管内小型轨道跟踪,$\delta=8 \sim 20mm$板对接焊缝I形坡口(即不开坡口)双面施焊全熔透接头,2000mm长焊道只需15min(含机具内外调换)高速,高质量完成施焊;锅炉制造厂,锅炉汽包制造时筒体内环焊缝采用自制"大探杆"实施埋弧自动焊顶端封头，筒体内环缝施焊完毕后，最后一个封头组拼的内环焊缝"大探杆"无法探入施焊。他们设计制造了由"万向节"组合的柔性探杆，安装于埋弧自动焊焊车机头上，从封头上原有的椭圆形人孔探入，用窥镜定位于封头与筒体环焊缝中心位置，然后紧固柔性探杆，使之刚性定位，蒸汽包在滚轮胎架上转动（当然是已规范过的速度）实施内环焊缝埋弧焊……优秀的焊接工程师创造的工艺装备不胜枚举，埋弧自动焊设备像根基坚深的主树干，只要精心养护每嫁接一苦心设计的新工艺装备枝芽便能结出新而丰硕的效益果实；企业的焊接工程师接到新的工程施工设计图样，发现某些结构焊接接头设计，以本企业工艺条件现状，不能实现高效高质量施焊，束手无策，急于提出"申请变更设计"以求进展，那是有些不妥当，欠思量的。精心审图后策划旧有工艺装备改造，新需工装设计，制造调试的工作均属"施工准备"工作部分，如有成功还可提高竞标能力，并能起到提高企业品牌效益作用。

埋弧自动焊施焊的材料领域较宽，低合金高强度结构钢，桥梁用钢焊接接头，采用埋弧自动焊已得到高速度、高质量的效益是众所周知的；铸钢部件与低合金钢组合的焊接接头：如16Mn铸，20铸，15CrMo铸部件与低合金钢板材、型材接缝施焊，在一些化工机械厂，重型机器厂和冶金、电力安装企业已有经验；铸钢节点件与低合金钢接缝焊接是可以得到高效、优质的埋弧自动焊工艺效果的。

3）低合金钢中厚板焊接应采用的焊接工艺技术措施及过程介绍

① 技术措施概念及所起作用

预热：焊前对接缝坡口及近域预先加热的工艺技术措施，根据母材的化学成分，焊接性能，厚度，焊接接头的拘束度，焊接方法，焊接环境等情况综合考虑是否预热及预热温度。其作用：可以减低焊接接头冷却速度，防止母材和热影响区产生裂纹，改善它的塑性和韧性，减少焊接变形，降低焊接区的残余应力。

后热：是焊后立即对焊件的全部或局部进行加热或保温，使其缓冷的工艺措施。它不等于热处理，后热有利于焊缝中扩散氢加速逸出：减少焊接残余变形与应力，是防止焊接冷裂纹有效措施之一。

尖顶锤，锤击消应：尖顶锤锤击焊缝表面使焊缝金属侧向延长，使焊缝内部的拉力在冷却时被抵消，故锤击焊缝金属有控制变形，稳定尺寸，消除残余应力和防止焊接裂纹的作用。锤击必须在每一条焊道上进行（多层多道时是每层每道）才能有效。手工电弧焊时第一道（层）焊道较薄弱，经不起锤击敲打；盖面焊道是"回火焊道"不需作尖锤打击且应防止锤击会造成"冷作硬化"均不作锤击消应了。

② 低合金材料中厚板焊接接头及其与铸钢部件组拼焊接接头手工电弧焊，埋弧自动焊关于手工电弧焊，前文已表述不少，这里再要讲的是一些必要的焊接工艺技术措施的投入；

前文已述低合金高强度结构钢，桥梁用钢的焊接性能中有"氢敏感"特点，故对其中厚板焊接接头手工电弧焊采用焊接过程中消应消氢法工艺技术，其主要内容为如下几点：

a. 任何施焊位置尽量采用接缝双侧面坡口对称施焊，不能实施双面施焊的接缝应采用单侧面V型或V形坡口进行"单面施焊背面熔透'自由成形'法施焊；不应采用"衬垫"法施焊，避免"衬垫"法组拼时的较大间隙，焊接层次多，填充金属增加，焊接残余变形，应力增加，还会在施焊时产生难以返修的"背咬"缺陷。（射线探伤评定时"背咬"视同未焊透）。

b. 焊前对坡口面和坡口近域预热；坡口面不低于200℃；坡口近域接受传导热，这样即满足了母材金属温度达200℃后氢在钢中大大活跃起来，消氢效果好的要求，又可以避免铸钢件或板材，材料中含Cr元素时接头处高温区存在时间长产生贫Cr，脱碳现象，并达到了减缓焊接接头冷却速度，防止母材，热影响区产生裂纹。焊接拘束度较大时，增加预热区的宽度。

c. 中厚板一般焊接层数道数多些，每层数均作"后热"其

温度不应高于 350℃ 避开"马氏体"转变终结温度且保温半小时，降温至 200℃ 时施焊下一层数焊道。

　　d. 每层焊道"后热"采用火焰加热时可在加热同时；采用"远红外板式加器"加热时在保温后，用尖顶一磅手锤，或尖顶电锤或气锤锤击焊道做"消应"锤击；打击密度每平方厘米不少于 6 点麻坑。手工电弧焊时第一层薄弱焊道和盖面层不作锤击。

　　e. 手工电弧焊操作技术，诸如低氢型焊条应采用"短弧"即压低电弧长度施焊，操作运动要稳，准之外为了消除熔敷金属扩散氢含量，需进一步规范操作行为：A. 烘条的烘干温度应提至 350℃，按规范时间烘干，保温后持"保温筒"随用随取，使用的焊条烘干次数，不得超过两次。B. 施焊时每一根焊条在工件焊道坡口内引弧施焊前均要将在"焊把"上卡牢的焊条在工件焊道近域固定的"引弧板"上引弧，熔掉至少 5mm 后再立即投入工件焊道引弧施焊。这样焊条端头被临阵加热，温度高易引弧且位置随意而准确；熔掉了焊条端头裸而无药的部分，在工件焊道上引弧施焊时焊条药衣中"造气剂"立即投入电弧冶金过程，阻断了有害气体入侵，避免了焊道端头和换焊条接头部位易产生气孔和减少了氢在施焊过程中溶入焊接熔池的可能性。

　　规范手工电弧焊施焊操作，适时投入规范了的预热，后热，锤击消应措施，我们定义为焊接过程中消应消氢法施焊低合金高强度结构钢，桥梁用钢中厚板焊接接头工艺技术。同时适用于与其焊接性能相近的铸钢部件组拼焊接。

　　埋弧自动焊配以性能良好的工艺装备较之于手工电弧焊有功效高，质量稳定，操作劳动强度不高等特点。25mm 以下板厚为母材的对接接头可采用 I 形坡口窄间隙，两侧各焊一道完成全焊透工艺方法施焊，也可以采用 Y 形坡口窄间隙，背面金属垫或非金属垫单面焊两道完成全焊透工艺方法施焊。因 GB 150—1988 中 $\delta < 28mm$ 板料对接接头全熔透施焊不要求消氢消应处理，钢桥规范亦无规定。

　　低合金钢 $\delta > 28mm$ 板料对接接头则采用大钝边（18～

20mm)窄间隙X型坡口，双面埋弧自动焊；有填充金属小，焊接层次少，无棱角度焊接变形，焊残余应力小等特点；焊接过程中再适时进行前文所述的预热、后热、尖锤敲击"消应"等工艺技术措施；与手工电弧焊不同的是从第一层(道)焊道开始锤击消应，因为据实验窄间隙施焊埋弧自动焊第一层(道)截面可达1.4cm²以上，并不薄弱，需作锤击消除焊接残余应力处理；盖面层焊道不作锤击。

低合金高强度结构钢，桥梁用钢中厚板料型材为主体材料的结构件；存在与其焊接性能相近的铸钢节点或部件且其接缝长度大于或等于500mm时，最应使用，利用现有工装条件或改进、创造工艺装备采用埋弧自动焊；而且尽量采用I形坡口，两侧面各焊一道完成的窄间隙，全熔透埋弧自动焊，或Y形坡口，加垫板，窄间隙，大钝边，单侧施焊，这样焊缝金属便是一侧熔入了中厚板热轧状态母材较多的金属(因设开坡口)另一侧熔入了铸钢件较多的金属，加上焊丝金属及电弧冶金焊剂的参予，冶炼的熔合比特殊的过渡成分铸钢状态金属性能良好。

2003年冬吉林市江湾大桥，钢管混凝土拱桥、拱弦安装，焊接施工，1/4拱弦管与拱脚拱管接缝施焊；拱管为ϕ700mm×14mm，Q345q^{D}材料；全位置施焊对接接头全熔透结构高空作业，手工电弧焊。焊接环境：工件温度为零下10～13℃(依JB/T 4709—2000标准6.2条：焊接环境d款：焊件温度低于－20℃须采取有效措施，否则禁止施焊。该条款来源于美国ASME《锅炉压力容器规范》第Ⅷ卷，第一分卷。)施焊；焊接过程采用本文手工电弧焊，"焊接过程中消氢消应法"规范施焊操作行为。焊道长2243mm，焊后进行了100%射线探伤检查，照相技术等级：B级；按几何不清晰度U_g值要求布片，控制底片搭接长度和计算底片有效译定长度。结果是2243mm长的焊道上只有l=4mm条渣一个，该片评定为Ⅱ级，其余均为Ⅰ级评定。较为重要的是：全焊道上无气孔缺陷！冬季，如此苛刻的施焊条件通道焊缝无气孔，也可影射熔敷金属氢含量之低，令吉林化工建设工程公司，检测分公司经理兼总工程师米学华为之惊叹。

1978年天津市机电安装公司在中国人民解放军总后勤部属，北京3603厂工程师协助下自制一台出力500t的液压机。其主缸体为铸钢件，规格$\phi 500 \times 100$，材料为20铸，需拼接后车加工，和内孔磨加工。拼接采用埋弧自动焊进行多层多道焊，焊前接缝两侧150℃预热；连续施焊不曾采用后热措施，因坡口深，焊渣清理困难，采用尖顶电锤打击清渣，实则与锤击消除焊接残余应力无异。焊后石棉布三层保温，冷却后车床车加工，内圆磨床磨缸筒内壁，未做探伤检查，加工后外观很好，整体安装后压制压力容器用$DN300 \sim DN1200$椭圆形封头，气柜用型材……出力服役11年，缸体工作正常。

焊接施工与机械制造(工装设计制造)电器工程(工装调试焊接电源维护、改造)是难解难分的，希望焊接同仁，机械工程师，电器工程师们为本企业制造的焊制钢结构产品，确保其焊接质量和安全使用这一系统工程不间断地探索，努力使之臻于完善。

第6章 中厚板对接接头焊缝裂纹及脆断缺陷

焊制钢结构是由母材(主体材料)和焊接接头组成的,焊接接头的使用性能从根本上决定了焊制钢结构的质量;焊接缺陷则因其性质、数量、产生原因和存在部位均在不同程度上削弱了焊接接头的使用性能,也同时降低了其焊制钢结构的使用性能。

焊接缺陷,诸如气孔,夹渣,未熔合,未熔透等缺陷均消减了焊缝金属的截面尺寸和致密程度;开口型裂纹缺陷、层间裂纹及焊根裂纹……的危害程度就更加严重。对于焊道,可以通过超声波探伤检查,射线探伤检查,渗透,磁粉,涡流检测等手段来判定焊缝质量是否合格,也可以通过采取相应返修手段消除缺陷,使其达到合格指标。但是无损检测方法只能检测焊道的静态质量,而对于焊制钢结构在使用过程中焊道的质量变化是很难实施预先检测的;而那些危险性的缺陷,在结构使用过程中才逐渐暴露出来,以至酿成灾难性事故。裂纹,特别是延迟裂纹,突发性脆断均是些类危险性缺陷。

1. 钢制焊接结构制造安装过程中,对接接头易产生的裂纹缺陷的产生机理

(1) 拘束应力下施焊,单面Ⅴ型坡口"打底"焊和双面坡口焊前层间裂纹缺陷的产生机理

大型焊制钢结构,设计工程师常采用低合金强度型结构钢作为主体材料。此种钢材本身的焊接性中,存在对"冷裂纹敏"即"氢敏感",施焊此种钢材时必须注意其材料因素,需采取相应工艺技术措施。

大型钢结构构件,中厚板板料在工厂内或施工现场拼焊时均

有较大的拘束度，即相当于在构件或板料在刚性固定条件实施拼焊。V型坡口单面焊背面自由成形施焊或加金属（或非金属）垫板施及双面坡口施焊的第一层焊道，其焊缝厚度均不大于5mm；由于冷却结晶凝固速度较快；使其熔敷金属冷疑收缩也很快；产生的冷疑收缩拉力远远小于大型构件或中厚板料的拘束度，易产生第一层焊道的开裂。

(2) 焊缝表面裂纹的产生机理

焊缝表面裂纹的开裂深度一般较大。被焊金属母材的淬硬性较高（如高碳钢高合金钢）施焊时易产生表面裂纹。

当被焊部位内应力较高时，由于结构拼焊工艺顺序设计不当，也能使焊接部位产生了不应有的较高内应力；焊接过程中，焊后亦将产生裂纹甚至断裂。

焊接工艺评定是工件施焊前必须完成且评定合格方可实施工程结构施焊；焊接工艺方法选择，焊接材料匹配，工艺参数测试，工艺装备选用（含工装设计，制造，调试）是焊接技术人员在进行焊接工艺评定工作的同时必须审慎考虑，处理的事宜；焊接工人在工厂内参与结构制造，在现场进行安装接缝施焊，应执行的绝不应是简单的，多年沿用的"焊接工艺指导书"文件和在焊接实测室内做试板施焊、检测，评定过程后"合格"的"工艺文件"应该是经过对被焊母材的焊接性、焊接性能分析、施焊工况了解、工艺装备使用、相应工艺技术措施的选用及试验考核后制定的"焊接工艺规范"文件；提高施焊功效提高焊接质量和焊接接头的使用安全可靠性方有保证。高碳钢，高合金钢表面开裂缺陷才能消除其产生可能性。

表面裂纹产生的机理不同则产生的位置不同。裂纹缺陷产生在焊缝长度方向中轴线上的多是焊接拘束应力所至；裂纹缺陷产生在熔合线或热影响区近域的应是焊材匹配不当所至，同时亦有工艺措施，工艺参数欠妥的因素。

(3) 延迟裂纹

延迟裂纹是焊接冷裂纹的一种较普遍的形态。它的主要特点是焊后不立即出现,也不能在实施"无损检测"中检出;而是有一段孕育期,随时间的推移逐渐形成的危害性裂纹。因其裂纹产生的延迟现象故称其为延迟裂纹。

延迟裂纹的产生机理:焊缝熔敷金属中扩散氢的存在是产生延迟裂纹的主要因素。实践证明,熔敷金属中扩散氢含量越高,则裂纹倾向越大。

被焊金属(母材)淬硬性较高,焊接接头处内应力较高及熔敷金属中扩散氢,三者的相互作用便孕育了延迟裂纹的产生。国内外发生的锅炉,压力容器爆炸事故和大型动载焊制钢结构的断裂多是延迟裂纹引发的。

(4) 突发性脆断

大型焊制钢结构在设备(构件)的吊装施工中或动载使用状态中,发生在焊接接头热影响区于低应力状态下的几乎无明显塑性变形的断裂称为突发性脆断。这种断裂,几乎没有裂纹扩展的时间,其特点是突发性。断口整齐呈切割面状,是一种十分危险的破坏,人们没有时间作出反应,损害是严重的。

突发性脆断产生的机理:施焊强度等级较高的钢构件时,采用较大的焊接电流,使用的焊接速度较低,使"焊接线能量"增大。其结果导致焊缝热影响区组织晶粒严重变大,产生粒状贝氏体,甚至产生马氏体组织,当冷却速度增大,热影响区的组织不均匀性和脆性变化致使该区域的韧性大大降低随母材强度等级的增高,热影响区的脆化越严重。

"焊接线能量"定义为:焊接过程中,单位长度焊接接头所受到的总热量。对于不同的钢材最佳线能量的范围不一样,这需要通过一系列工艺评定试验来评定,

近年来发生的大型设备吊装事故中,有较大比例的是吊耳脆断事故,其脆断部位均是在焊接吊耳焊缝的热影响区位置,与上述机理分析一致;吊耳与结构母材连接焊缝较短,仅几十毫米或几百毫米,现场焊接技术人员往往重视程度不够,焊工大都不了解焊接线能量机理;焊接时连续重复地在吊耳与母材焊缝上施焊,

造成局部焊接线能量增大，过大，使热影响区温度达 1200～1300℃之高，而这一温度区间正是热影响区金相组织发生晶粒粗大的适宜温度，吊装施工中，应力集中的部位就是吊耳焊缝的热影响区部位，所以很小的应力竟使其发生突发性脆断。

2. 针对裂纹、脆断产生机理，采用工艺技术措施，防止产生裂纹，提高接头使用可靠性

综前所述：各种裂纹缺陷和突发性脆断的产生机理可以归纳为以下几点：

（1）被焊钢材的强度等级较高及其故有的焊接性：氢敏感或称为冷裂纹敏感；

（2）焊接接头在拘束应力下施焊，或结构组拼，焊接工艺顺序不当等因素使焊接接缝区域内存在较大的内应力；

（3）焊接材料匹配不当，焊接工艺手段(方法)和施焊工艺参数不当；

（4）施焊中厚度钢板材料时未执行相关技术规范要求，来采用相关技术措施(如焊前预热，焊后后热等)；

（5）焊接工艺管理不规范不严格。

焊制钢结构的基础质量是其焊接接头的使用质量和焊接缺陷；焊接接头存在裂纹，有产生孕育出延迟裂纹的可能性，其使用性能岂不危乎殆哉，而且使用过程才显现的延迟裂纹，突发性脆断缺陷是重病，无法预先检测即不可就药；现已知其产生机理，那么就应遵传统医学"治未病"的法则，祛病源，防患于未然，岂不更好。

（6）采用工艺技术措施切除氢的源头，消除熔敷金属区域扩散氢含量。

焊接过程中，氢以原子或质子形式溶于熔池液态金属中，溶解度随温度的降低而显著下降；液态转为固态时其溶解度急剧降低，氢呈过饱和状态，并促其形成分子氢，形成气泡外逸，但大部分氢气来不及外逸出而形成气孔。以原子或质子状态存在的氢可在晶格自由扩散，故称之为扩散氢。由于扩散氢富集形成分子氢时其体积大增而引起冷裂纹，还可以引起钢的"氢脆"或"白点"，使钢的硬度升高，塑性、韧性严重下降，必须采取消氢措施。

氢在焊缝弧坑处，熔合线附近的含量较其他部位高，冷裂纹的倾向更大。

氢有上述有害作用，加之被焊金属的"敏感"，应尽力采取措施清除焊缝金属的氢含量。

手工电弧焊施焊 Q345，Q370、Q390、Q420 类钢时，增大焊接电流会增大氢的熔池金属溶解度，造成氢含量的增加。选用"低氢型"焊条，使用前进行 360℃ 温度下烘干烘干时间应为 2.5h；保温后放电热保温筒内随用随取，采用直流焊接电源，反接法，小电流，短弧焊，再加上些工艺技术措施（前文已述在此从略）可减少熔敷金属氢含量。

瓶装 CO_2 气体在投入使用前应将气瓶倒置 2h，打开气阀放掉瓶中残水，再正置 0.5h 稳定瓶中气体状态后，装电热干燥器、流量计方可进行焊接操作。此种操作程序在施工现场并不多用；但必须指出只有按此程序操作才能切断 CO_2 气体保护电弧焊的熔敷金属扩散氢、氢气孔、飞溅、电弧不稳定等缺陷和不良现象的源头，才能有效得到"消氢"效应。

焊接接头部位在施焊前应对接缝坡口面及其两侧母材金属表面各 100mm 宽度范围内作焊前除锈除污，磨光处理；实际上是切除氢的来源的手段之一；因为所谓铁锈的晶体是：$Fe_2O_3 \cdot FeO \cdot 10H_2O$；在除锈的同时也去掉了结晶水（10 个分子 H_2O）起到了消氢作用。

焊前预热的作用不少，它可以减缓焊接接头冷却速度，防止母材和热影响区产生裂纹，改善它的塑性和韧性，减少焊接残余变形，降低焊接区的残余应力等同时，当预热温度达到 200℃ 以后，钢中的氢便大大地活跃起来，施焊时清氢效果好。

"后热"就是焊后立即对对焊件的全部或局部进行加热或保

温,使其缓冷的工艺措施。它不等于焊后热处理,后热有利于焊缝中扩散氢加速逸出,减少焊接残余变形与残余应力,所以后热是防止焊接冷裂纹的有效措施之一,采用后热,有利于改善劳动条件,后热对于易于产生冷裂纹又不能立即进行焊后热处理的焊件,更为现实,有效。后热温度的上限一般不超过马氏体转变终结温度,而定为350℃。国内外标准都没有规定后热保温时间,根据工程实践经验,全国压力容器标准化技术委员会编 JB/T 4709—2000……标准释义中定为"一般不低于0.5h。焊接后的"后热"也是消除熔敷金属扩散氢的技术措施之一,"后热"有利于焊缝金属中扩散氢加速逸出。

3. 采用一磅尖顶锤,锤击焊缝表面,消除焊接残余应力

用尖顶锤锤击焊缝表面,击打成麻坑,使焊缝金属侧向扩展,使焊道的内部拉力在冷却收缩时被抵消,故锤击焊缝金属有控制变形,稳定尺寸,消除残余应力和防止焊接裂纹的作用。锤击必须在每一层、道上进行才能有效,锤击的有效程度随着焊道厚度和层数增加而降低,第一层焊道比较薄弱,经不起重锤敲打,而盖面焊道会因锤击面冷作硬化,没有被下一层焊道回火处理的可能性,故第一层焊道和盖面焊道不宜锤击;因此低合金钢材中厚板,采用大钝边窄间隙埋弧自动焊,焊接过程中消应消氢法工艺施焊较为适宜:因为第一层焊道截面积可达1.4cm,可经得起锤击消应;大钝边两端坡口开口度小,焊接层次少,单层焊道厚度薄,又是在每层焊道预热,层间后热的时间间隙中锤击消应,在全过程消氢中施焊效果较好。

4. 罕见的角接,对接焊缝横向裂纹及成因分析

涉足锅炉,压力容器制造、建筑钢结构制造安装、长输管道工程、钢桥工程中的焊接工程和无损检测工程四十余年;每提起或听到焊缝横向裂纹便无不吃惊!无损检测的射线探工艺概念中有一U_g值概念称作"几何不清晰度"或曰:"横向裂纹检出率",

探伤作业必须严格执行且每次探伤人员资格取证考试题中几乎均有此类,计算试题,可见其重要性,但多年来焊接工程作业和无损检测施工的底片评定,此种恶性焊接缺陷确很罕见。

一个主管企业工程质量的友人,某周日寻我到津郊他们加工结构的结构厂,他说:"他们给我们加工的结构面板上接缝采用的是埋弧自动焊,焊缝出现了不少横向裂纹,'替我看看去'。"于是乘车去了该厂。结构面板材料为 $Q345q^D$,板厚12mm,采用单V型坡口单面焊,陶瓷衬垫,CO_2 气体保护电弧焊打底埋弧自动焊填充盖面。焊道长16m查焊道宽16~17mm;南方江阴施工队在此租厂房施工,表面检查焊道较宽处横向裂纹少些;焊道窄处则多些;均有疏密不同的横向裂纹。询问工艺参数时答:650~660A电流,38~40V弧压,28m/h焊速。问:为什么用这样大的规范?答:快啊。问:裂了怎么办?答:咱修。问:怎样修?答:手工电弧焊修,再磨好。问:你们知道裂纹深度吗?答:碳弧气刨一铲,修一下不就完了吗?……这是一例,如图6-1所示。

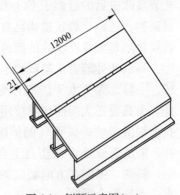

图6-1 例题示意图(一)
说明:图中 ╪ 表示裂纹位置。

洛阳市建造瀍洲大桥,其中Ⅱ标段设计为月型,飞燕型截面三拱弦,钢管混凝土拱桥工程本人参建监理的机缘,到国内一家钢桥制造重型工程公司大型企业驻厂监造;又偶遇了与上例几乎相似的事宜:2008年初江汉地区雪多了些,气温低了些,有一建于宁波市的钢桥亦在该厂制造,一批桥结构U型肋的"板单元"加工近尾声;发现U型肋与底板角接接头存在横向裂纹,且数量很多,返修工作量可观。这便是第二例,如图6-2所示;它与第一例相同的是,均是焊缝施焊完毕后,均在焊缝表面存在数量不少的横向裂纹;它们不同的是,接头形式不同,焊接方法不同。第一例是平板对接接头埋弧自动焊；第二例是角接接头船形位置施焊，焊接方法是：将半自动 CO_2 气体保护电弧焊焊枪紧固在专用行走小车上拖动调节车速施焊。

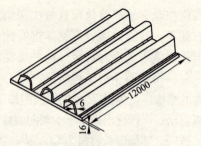

图 6-2　例题示意图(二)
说明：图中 ⚡ 表示裂纹位置。

对接接头，船形位置施焊角焊缝，埋弧自动焊，工艺装备改进后的近似于 CO_2 细丝自动气体保护电弧焊(行走机构可调整、送丝、焊接机构已自动化)都存在了横向裂纹在焊道上；裂纹缺陷是灾难性事故的隐患！

写到此处笔者运笔艰涩了。第一例横向裂纹施焊人员以为一铲、一修、天下太平。笔者受友人之托可以批评其施工工艺错处，令其委托无损探伤单位用周向磁轭法加"反差增强剂"探伤找出细微裂纹；碳弧气刨铲削后，再探伤直至削除裂纹，再焊补。磨削返修处再探伤直至合格；因为周向磁轭可以检测出横向，斜向，纵向多方向裂纹的漏磁，"反差增强剂"可增加检出率；而号称全国第一，第二，且自命不凡的大企业，驻厂监造的1400多 t 钢工作量的小桥监造人员自知"位卑"也不必让大企业技术工程师们蒙羞；可又因专业学习愿望的驱使，打听了一下，专业讨论的结果是焊接材料，即 CO_2 细丝($\phi1.2$)有些问题的原因加上施工于较低温(近于$-5℃$)环境，故有表面开裂。仍是专业学习愿望的驱使，对以上两例裂纹事宜作了些探讨。

(1) 焊缝表面横向裂纹产生机理讨论

平板对接焊缝施焊时，我们将被焊的两块钢板(母材)可以看作是在接缝方向上由许多能随电弧加热，电弧运动位移冷却能自由伸缩的小板条组成的。焊接过程中，小板条受热伸长的情况将如图6-3(a)中虚线所示。而实际上由于假想小板条是相互结合，相互牵制的，因此实际伸长情况如图6-3(a)中实线所示。从图中可以看出钢板的边缘被拉伸了 ΔL，在边缘上就出现了拉伸应力，在接线、剖分被压缩了在实际变形线外的虚线围绕部分。除去画平行实线的压缩弹性变形部分外，虚线所围绕的空白部分已是产生了塑性变形的部分。可见焊缝区，不仅是产生了压应力而且还产生了压缩塑性变形。

当焊缝区冷却时，由于焊缝区在熔焊加热时产生压缩塑性变形的缘故。所以最后焊毕冷却后的长度要比原来短些。所短少的长度从理论上来讲应等于压缩塑性变形的长度，见图 6-3(b) 中虚线。但由于中间焊缝区部分的收缩受到两边的牵制，实际变形收缩如图 6-3(b) 中实线所示。这样焊区外板边比原板缩短 ΔL，出现压应力，焊缝端区没有完全收缩，则出现了拉伸应力。这就是平板对接接头焊缝纵向收缩焊接应力及变形的实际情况。

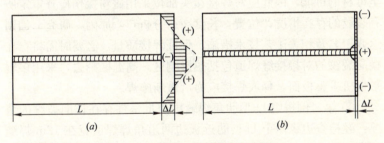

图 6-3 平板对接时应力与变形
（+）表示拉应力；（-）表示压应力

焊缝纵向收缩变形量，一般随焊缝长度增加而增加；又与工件材料线膨胀系数有直接关联，线胀系数大的材料，焊后的焊缝纵向收缩量也大；还与接头形式有关，对接接头焊缝纵向收缩经验值为 $0.15 \sim 0.3$ mm/m；角焊缝连续施焊纵向收缩量大些 $0.2 \sim 0.4$ mm/m；多层多道焊时，首层焊道引起的收缩量大些，随层次的顺延，每层均较小于上一层，最后一层最小。

以上讨论已得出：焊缝纵向近域被电弧加热温度最高，热变形最长，尽管存在 Δt 长的收缩变形，但受牵制的状态下没有完全收缩，则出现、存在了拉应力。

焊接过程中实际上是电弧冶金过程的运动状态：熔池液态金属，熔融状态，结晶为固态，焊缝成形也是在逐渐存在拉应力的母材金属导热下冷却，收缩过程中变化，其本身亦存在收缩，拉应力，但因每层焊缝热状态时较之于母材截面小些，比较薄弱，经不得复杂残余应力能拉伸。

(2) 经调查，询问，观察焊缝成形状态以上两例焊件出现焊缝表面横向多条裂纹的原因探释：

1) 绝不是例一焊缝施焊单位人员表示的那么简单"碳弧气刨—刨—铲再—焊的问题；更不是例二焊缝批量单元板件存在焊后横向大量裂纹的原因经专业讨论得出的是焊接材料问题"。

① 首先裂纹缺陷是危害性较大的缺陷，不可等闲视之，表面裂纹一般深度不浅，横向表面裂纹如果深度较深，长度上有延至母材的可能，因此应对焊接接头部位采用磁粉探伤检查审定所有裂纹的存在情况，位置，长度……分析产生原因，研究，编制返修工艺及相关工艺技术措施，保证焊接质量。必要时需将存在横向裂纹的对接接缝焊道包括热影响区，高温区割去，采用多辊平板机平整板面，释放焊接应力后重新施焊。

② 第二例拼组 U 型肋角焊缝出现批量件存在横向裂纹的情况：经检查边缘两个 U 型肋近板边两道角焊焊道竟在 12m 焊缝长度内存在横向裂纹 170 余条之多，板中 U 肋的两侧角焊缝横向开裂少些在 100 条以下。其施焊单位专业研讨是焊材问题，我们以为不妥；大批量板单元构件在加工近尾声时被发现均存在焊缝横向裂纹，那工艺管理，质量管理程序和工作质量何在？焊材选用一般在"焊接工艺评定"程序中完成，况且我国焊接材料标准，"焊条、焊剂药芯焊丝标准大都等效采用或参照采用美国国家标准""我国焊材国家标准是通用性焊材标准适用于各种行业"（引用于《钢制压力容器焊接规程》JB/T 4709—2000）把产生横向裂纹的原因，推给不能喊冤的 CO_2 气体保护电弧焊焊丝，对企业改进管理，提高管理水平不利。

2) 焊缝表面横向裂纹本就罕见，研讨其产生原因，前文表述了平板对接焊缝和U肋平板角接焊缝的纵向收缩,焊缝区存在的拉应力便是其原因之一;即当焊缝熔敷金属在冷却收缩成形时,其强度值小于焊缝纵向拉应力,便受拉而开裂。在较正常的焊接工艺施焊时,焊缝金属实际强度值,远远大于其所属焊材标准中熔敷金属名义保证值,所以焊缝表面横向裂纹罕见。

例一中焊件为平板对接,陶瓷垫 CO_2 气体保护焊打底,埋弧自动焊填充,盖面;三层焊道连续施焊,焊缝区连续高温加热,内应力之高可想而知;盖面层焊道不需要再增多少余高,为满足焊道宽度要求施焊焊工提了电弧电压;600~650A 电流在不需要增加熔深的盖面层焊道略大了些,对 $δ=12$ 的板料盖面层 580~600A 足够;可能是提高焊速的想法使他提了些电流;27m/h 焊接速度就是快了,而且造成了类似焊丝向焊接方向前倾,焊接电弧吹向已焊完的焊道再加热效应;其综合结果是大规范,高速度施焊。焊缝宽度刚好,焊缝表面余高刚好,完成施焊速度快了,这刚好正是开裂的条件!在应力,拉应力较大的第三层焊道上,薄而够宽的熔敷金属自身冷却的收缩力,去抵抗拉应力,其中大部分又是该层焊道自身加上去的拉应力,不开裂也何?触目皆是的开口形缺陷,横向裂纹密集,不罕见了。

例二中焊缝表面横向裂纹产生原因与例一雷同,因为是角接焊缝,其纵向收缩值大些,其产生的横向裂纵更多,更密集些。接近板边缘焊道上裂纹竟有过百条之多,触目惊心!

U 型肋板厚 6mm,且有坡口,采用半自动 CO_2 气体保护电弧焊焊枪,定向定角度固定在专用调速小型焊车上施焊船型位置角焊缝。有坡口的船形角焊缝,施焊两层完成,一层为填满坡口;一层为满足船形角焊缝焊脚高。$φ1.2$ 焊丝 280~300A 电流调节焊速施焊,(其速度无计量表记录困难)焊工看的是成形情况。直觉上是高速焊接,因赶工期。焊后有底板变形进入火焰矫正变形工序,而后装车运出车间,待数量足够时运往安装现场。发现焊缝普遍存在横向裂纹后运回,或择地返修。

横向裂纹产生原因与第一例雷同，只是又加了一热矫变形工序，其结果是在背面加热至红热状态，当其冷却时给焊接变形产生的应力—焊缝横向拉力矫正变形，这较前一例更复杂的交叉拉应力造成了更多的裂纹，可以说：大规范高速度施焊加上火焰热矫正焊接变形综合结果是数量更多的横裂。

结构件焊接前应采取相关工艺措施，方法，和工艺装备减少，消除焊接后的残余应力和残余变形；如焊前准备的第一项内容：焊件坡口选择与设计其主要原则之一："填充金属尽量少"便是防止，减少焊后残余变形和残余应力的措施内容之一。焊接后产生了超差结构变形，用火焰加热焊缝背面，侧面"矫正"焊接变形是没任何"标准"依据的。有人用"标准"规定"600~800℃来说明此事，是比较聪明的人用"偷换概念"的妙招来"说明"此事，因为有关标准规定的是热矫正板材，型材不平度，不直度超差的温度范围为600~800℃，而无焊接变形超差时用火焰矫正内容。如图6-4，他们用烤枪对角焊缝板背面，图中断续线位置进行火焰加热，利用其冷却收缩应力来矫正板面已形成的焊接残余变形。火焰人工加热(称为热矫工种)与焊接施工中电弧对焊接接缝区加热比较，更加不是均匀加热，在断续线加范围内同样会产生拉应力，(当然更多的是用以矫正变形的横向拉应力)；因其不均匀加热在板正面U型肋角接焊缝上表现为：a、f焊道在两端是自由端，焊接残余变形较大，热矫正时烤火较多，

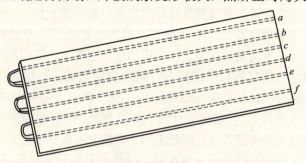

图6-4　断续线为加热区

则这两道焊缝横向开裂密集处较多，b、e 缝次之；c、d 缝最小。其中原因是：a、f 缝是船形胎具上的边缝，焊接顺序上占先，且是端边焊缝自由端焊接残余变形大些，大规范，高速度施焊时冷板，熔态金属冷却速度快，加上"热矫正"时烘烤多些。而它们被焊完后其本身就对就近的 b、e 焊缝区的温度略有加热并对其焊接过程的热胀，冷缩多少起了些抑制作用；c、d 缝更是如此。表明为 a、f 开裂 150～178 处；b、e 缝，100 处左右；c、d 缝 50～70 处。

3) 关于例二，板面 U 型肋角焊缝的返修工艺事宜：大批量板单元运回车间，返修工作开始了。有一焊工担任一批板单元返修工作，我负责监造的洛阳市瀍洲大桥，巡检工作每日要做的，路上这位焊工叫住了我，拉我去看他返修的焊道；一段段裂纹密集处，需修的焊道已用记号笔划出，空白处便是无裂纹的好焊道皂白分明。他修了这道焊缝的一半长度，令他发愤的事出现了：他指一处修完裂纹的一段 150mm 左右长的焊道告诉我说："这段焊缝修完了，也合格了，您看这，指这与刚修完焊道相近相连的焊缝，这段原先没裂纹，修完那段，它这裂了，您看怎么办？"

忙是要帮的，想了想，又看了看，这样试试看：用尺量了一下密集裂纹段的各段长度，告诉他：你是用碳弧气刨铲掉焊缝再焊，对吗？那就这一段的两个端头铲深铲透呈一段两端 3～5mm 小孔的坡口焊段，焊时留两孔只焊中间段，把所有密集裂纹处全焊完后再回来只补焊这些孔位，这叫"止裂孔"法，这样原先没裂纹的焊道就不再裂了。他认真地执行了第二天经磁粉探伤 30 条"板单元"探伤检查合格交工。

如此返修工艺，原理并不复杂，前文已对平板对接接头焊缝的焊接热循环过程中焊接残余应力情况分析过了，两例焊接横向裂纹的产生原因除焊接热循环产生的焊缝纵向收缩变形，拉应力之外再加上大规范，高速度工艺施焊的孕育，火焰加热"热矫正"焊接残余变形的催生作用便产生了横向裂纹。平板 U 型肋角焊缝密集开裂处是拉应力大于焊缝金属强度处开裂；而没有开裂处不是毫无拉应力只是不大于该处焊缝金属强度而已，返修其领域开裂焊道时，再设铲透且留孔时施焊相邻返修焊道，且与其相连接，那么新返修焊道仍产生纵向收缩应力，去拉原来无裂纹处的焊道，新旧应力相加不开裂也何？我们的返修方法是：①凡检出存在横向裂纹的焊缝段划出标记段，（包括裂纹密集段和稀疏段全标出标记段）无裂纹的焊缝段喷涂反差增强剂做磁粉探伤再次检查，如有裂纹作出标记。每块板单元记作一个返修组合件，共 6 条返修焊缝；②采用碳弧气刨掉含裂纹的焊缝磨光待修。③在碳弧气刨铲削需返修的焊道段时，其长度应大于两端最外侧裂纹距离 30～40mm，且两端铲透原焊缝当直径 $\phi4$～5mm 透孔；如遇下一道相邻开裂段距离小于 60mm 则铲通透孔后连续铲削合两段为一段，返修段中多一铲透孔即加一中间铲透孔。在返修裂纹缺陷段施焊时，存在裂纹段只焊到留孔位便收弧停焊，虽然在透孔位置停止施焊收弧了，却加热了透孔近域金属，其温度不会低于透孔近域金属的"热屈服"温度，同时也消化掉了透孔两侧新旧焊道的纵向收缩拉应力。整条长焊道返修段施焊返修完毕后再返回始焊端按原返修施焊方向，顺序做填补透孔焊接，填补孔焊道短小，焊后收缩应力不大，填补透孔全部补焊完毕后通条返修整焊道贯通；那么该焊道岂不已是整条的分段"消除纵向收缩应力"的消应焊道？每件"板单元"返修件均按如此工艺施焊，便完全消除了再开裂的隐患；这样比该企业下狠心把全部大批单元板件 U 型肋件全部铲掉，整修后重新更换焊丝重新施焊再制造的专业决策省工、省料，效果保证程度略好些；不过这一狠心是在该大型钢桥制造企业，对此质量事故进行专业分析结论："是焊接材料抗裂性能差""应更换焊丝施焊"为大前提下决策的……运笔至此，耳边俨然是龚自珍先生说的："万事都从缺憾好……"

第7章 "表面堆焊法"工艺矫正构件原始形态缺陷及焊接残余变形

金属结构加工企业,尤其是钢结构制造,安装企业,冷加工变形尤其是热加工变形,都是在考虑加工工艺时着重注意思索的问题;剪板机切板条时的扭曲,热切割(氧炔焰,等离子焰)板条的侧向弯曲,热切割圆形较薄板时的中间凸起,矫正时铆工(板钳工)常说的"鼓砸边"就平了等等,都是关于形状缺陷和矫正形态的常见事宜和常用语。"应"采取有效措施,减少或防止焊接残余应力和残余变形,是设计文件技术要求中和企业焊接工艺文件中的常用语句。于是火焰"热矫工艺"本是矫正板材构件的板件不平整度和型材构件中的型材不直度用的工艺措施,其使用温度范围为600~800℃,而被用于因焊接工艺欠佳而造成的焊接残余变形的焊缝区加热矫正了,进而产生了前文所述因"热矫"欠妥产生的板构件裂纹。

焊接过程不可避免的就会使构件产生变形,只是因各施焊条件不同,产生的变形形式、方向不同,变形程度,大小不同,不变形是不可能的。变形后的构件精确尺寸,形位精确变化,又因产生的因素,条件太多是不可能事先计算出精确结果的;我见到的是"经验公式""近似系数"等焊接加工就会有焊接残余变形和残余应力是肯定的,但其结果绝不都是有害的,我们可以将其结果用于施工,使之为我们所用。弯曲变形是焊接变形中较常见的一种;弯曲变形的大小是用其拱度,或挠度如图7-1中 f 值的大小来度量的,f 值越大,弯曲变形越大。f 值是指焊后焊件的中心轴偏离焊前原件中心轴线的最大距离。一般同一种焊接方法和相同的施焊顺序焊制的构件弯曲变形即拱度或挠度和构件焊缝长度成正比;是焊缝纵向收缩变形造成的;当构件设计其收缩变形的焊缝近域有筋板,安装并施焊时如图 7-1 所示,其筋板焊接的横向收缩将与原焊缝纵向收缩因素叠加而形成较大的弯曲变形,筋板焊缝金属的横向收缩使图 7-1 焊制工字形构件两端向下弯曲。

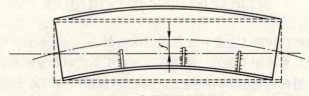

图 7-1　弯曲变形的度量

(1) 独横梁天车,当横梁采用焊制工字结构时,其制造标准,设计要求均规定横梁长度(跨度)方向需有其跨度长 3/1000 的拱度;如制造过程中利用其弯曲变形,因势力导,严格精确控制其 f 值变形量和纵,横向收缩变形后仍有些纵向拉应力存在,对横梁使用状态无害。

利用焊缝纵向收缩而造成的弯曲变形,而达到设计要求和标准规范要求的焊制工字形横梁结构的形状尺寸时,除考虑焊缝的纵向收缩效应之外,还需注意下部筋板位置焊缝的横向收缩(角焊缝)也可以造成弯曲变形;也要思考焊缝离焊件断面重心(或中心轴)的距离及焊件的刚性程度都有较密切的关联。焊缝离焊件断面重心越近,产生的弯曲变形越小,反之越大;所谓刚度,或说是刚性,就是结构抵抗变形的能力,它主要决定于结构的形状及尺寸的大小;被焊结构刚性越大,抵抗变形的能力就越大,弯曲变形就越小。

前面讲的是与焊制工字形横梁,利用焊缝纵向横向收缩变形使焊制横梁拱度达到其制造施工技术规范要求的相关影响因素;但是只了解这些问题就去编制施工制造工艺,去进行下料、制造是不行的。因为它只是罗列一些问题并没有得出结论,答案。又因为设计工程师选用的结构材料,板材厚度,结构尺寸,结构形态各不相同,各企业工艺技术水平不尽相同,生产工艺条件,管理情况也不一样；所以我们采用工艺试验作前导找出相关数据，分析相关因素，再编制施工工艺的方法来解决施工工艺具体问题；我们依据的是我们的经验：同一种焊接方法和同一种焊接顺序生产的焊接构件，它的拱度或挠度值和焊件的长度成正比。在工程产品组拼焊接前，焊接工艺方法制定后，先作一段小梁做工艺变形试验。

先组拼一截面，板厚，材质与实际工件相同而长度为 l_1 的短梁模拟试验，并用经验公式计算可产生的产品制造过程的变曲变形量。（模拟试验小梁长 $l_1=1.8m$；板材轧制方向与产品件相同）在组拼胎架上完成了组拼；在焊接胎架上采用既定工艺参数，埋弧自动焊施焊。

模拟试验件施焊完成了（包括主焊道和筋板焊道）。我记录了每一工艺顺序和过程细节包括胎架上翻转施焊另一侧时，试验件上已焊完的主焊道首，尾，中三处"点式测温计"测温记录，当试验梁段在胎架上冷却后，运至平台上测得了弯曲变形量，也可以说是1.8m两点距离内的弯曲矢高 h_1，而后采用如下经验公式计算出了实际产品构件的未来施焊后可得的产品拱度矢高：

$$h_2 = h_1 \frac{l_2^2}{l_1^2} \tag{7-1}$$

即估算长度；在已估算的 h_2 基础上结合试验段记录综合分析，并依天车制造施工技术规范：天车吊物主体承力构件，箱形梁或工字形横梁不允许下挠或不上拱，其拱度 3/1000 的要求，计算，调整腹板下料形状尺寸，进一步调整箱形梁，或工字横梁与腹板组拼形式和埋弧自动焊工艺参数。使产品制造，顺利，较精确地符合设计和施工技术规范，标准要求。在产品制造过程中，应用了调整后的组拼工艺程序、焊接工艺方法得到了较好的结果。产品天车经静载，动载和规定负荷下的超载测试验收，均符合标准要求。起重设备属"特种设备安全监察条例"辖域，数年来使用状态和例行监察均符合要求。

（2）表面堆焊法矫正钢构件的原始形态缺陷和焊制钢结构焊

接残余变形；使之符合制造加工要求，和产品验收标准要求是行之有效的方法。20年前我们用此工艺方法解决了工程之急、难。在施工工艺迅猛发展施工管理计算机程序化，施工机械现代化的如今或将来，此方法不会成为大型企业的技术储备，如偶遇以下类似情况不妨一试，行之应当有效，只是需有经验的焊接工艺人员，亲临现场思索指挥，否则很难奏效。

天津西青道住房改造工程，急需大型钢筋混凝土壁板，顶地板构件安装，构件厂因模板数量不足和完好率差而不能如期足量供应。故而赶制模板便成了重中之重和急中之急的任务；接下这一任务之后又出现了材料问题：一是型材购置市场吃紧；二是资金尚且不足。于是开会的次数多了，恰在此构件厂的那些不能用于浇筑壁板构件的，即完好率差的模板进厂了，经检验，是由于浇筑、运输、蒸、存放过程造成的形态变形，焊缝开裂和模板面板不平等缺陷不能用于构件生产使用。

技术科，焊接技术人员对进厂"模板"进行了全面检查；

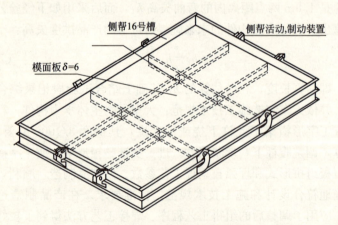

图7-2 钢筋混凝土壁板模板使用合格状态示意图

经检查，"模板"本体已变形，缺陷最严重的部位是"面板"，压、砸造成的变形甚至是破损严重；而混凝土板构件浇筑后板面的缺陷很直接直观，其要求较高，修复是不可能的，必须更换；于是用碳弧气刨，铲去底盘与面板的焊缝；八台模板组件被拆掉了侧帮，铲去了面板再检查，并检查过程中分析，研究；一个只需更换面板，重新设计，制作侧帮活动，制动装置且增加数量，底盘构件调整应用的快省方案诞生了：

① 侧帮本是 16♯槽钢制作，去掉活动制动装置（代吊耳）后便是槽钢材料且下料长度恰好。本厂 300 t 液压机更换压胎调整其不合格的形态，使之合格并不困难。

② 面板破损严重的只能作废料处理，凡可应用的选出采用多滚平板机平整消应后拼焊使用。材料不足部分更新购置备料时间尚够，不会耽误工期。

③ 侧帮活动，制动装置且代吊耳存在设计缺陷且吊点位置与构件重心不对应，更改、增量使本厂模板出厂后能有可靠的使用质量。

④ 钢模板底盘在拆掉"活动制动装置"后测量检查发现：其变形状态为挠曲，扭曲变形且方向大体一致；钢模长，宽，均大于本厂 500t 液压机柱跨，不能上机调整；经分析、研究，据经验可以采用整体，各结构杆件表面堆焊法矫正其形态缺陷：

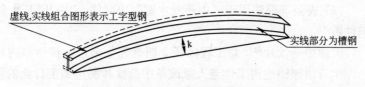

图 7-3　表面堆焊部位示意

模板图 7-2 中底盘结构为，面板下侧井字形布置 14 号工钢；外框为 16 号槽；变形状态为方向大体一致但每一根型材弯曲矢高 h 不等且有局部变大现象。采用粉笔对需要堆焊部分作出标记；4 名焊工同方向、等速度、同步施焊，只需局部堆焊的焊工有间断停歇；ϕ5mm J422 焊条均采用 230A 电流施焊；整体单个大模堆焊完毕后，进行效果测量；测量后，凡效果差些的部位再作标记准备第二层重点位置堆焊；此时焊工可转移另一模板构件实施堆焊。一般挠曲矢高在不大于30mm，局部弯曲弧长大于1.5m的结构堆焊两层可以矫平；局部挠曲矢高大于40~50mm，弯曲弧长小于1.5m的模板底盘构件堆焊矫形时，需在附加应力下堆焊；堆焊两层后，用碳弧气刨铲去堆焊焊道再堆平可得到较好效果。

  单位壁模板矫正平整后，将原有焊道残缺和有表面缺陷的部位作"打底"焊补修理，重点部位是钢模四角部位修补，然后将整模板框架四角放置于支点将其架空，安装面板并定位焊；定位焊后，将7t重的本单位"钳型架式埋弧自动焊转动焊胎架"（略轻于钢模工作状态荷载)压在面板上，对全部焊缝进行终结施焊；焊后对壁板钢模全面检验，符合要求。

  一周时间24台壁板，地，顶板钢模出厂了，投入使用了，施工总结会上有同志问：在大家都着急的会上你们这一招为什么不说？开了个玩笑作为回答：中国文字准确而形象：说话的说字是言字旁加个兑现的兑，其意为：能兑现的语言方为说；当时并没有100%的把握；如果口腔欠一点岂不是个吹字，没敢吹。方法是在思索、试验、学习中得来；胆量是在实践，努力中练大的。

  (3) 表面堆焊法用于"中药浸水罐"中部件，"快开门"❶ 铸钢件矫形

  天津中药饮片❷厂总工程师杨立旭老先生来厂，接待室内杨老先生言语铿锵地讲了他老人家改革中药饮片制造加工行业的坚志宏论，受益颇多。从西汉时张骞通西域，将藏红花迁至河南，名曰：南红花；又从李时珍深山采药到如今的人工种植；中药饮

---

  ❶ 快开门：术语，是压力容器部件名称，即是圆筒形容器的一端法兰式门框，门是法兰式与球面体组合而成的门；组成可开启、压力自锁，用于物料进出。

  ❷ 饮片：可以入药的一些植物，动物，的茎，根等浸透后切成片有利于煎制汤剂的片状药。古法制饮片是将准备切片的药物置于大面积石拼平台上，淋水后盖席保湿浸透后切片；现今工厂化生产，是汽车（翻斗式）将准备切片药物卸入水池，放水浸泡，浸透捞出切片，含药的水泻入下水道，有不少浪费。

片的古老加工工艺到如今工厂化生产的药性变化，导出了为中医药事业，治病救人，提高药力药性的革新方案——委托设计，制造，中药饮片加工的第一道工序设备："中药浸水罐"由杨老先生提出设计条件，委托设计，制造，安装。

杨总提出的设计条件为："真空容器；内径 $D_r = 1800 \text{mm}$；快开门；罐内装物料车进出轨道；内装上，中，下三排淋水微孔管……，其工作原理为：专用物料车，将需浸透切片的药物载入浸水罐；封闭快门；开启"水环式真空泵"抽真空，目的是大大提高，加速药料的浸吸雾状淋水的能力；进水管为 $\phi 63$ 多孔管，外罩金属密目网；真空状态下管内水呈雾状淋入；真空，淋水两个工况后切片测试，合格，车载药物出罐，送入切片二序……，杨总是医用机械工程师，技术语言精湛洗炼是正常的；但言及于此，确面有难色了。他接下来说："两年前（1979年）本想与厂内技术工人师傅们一起搞一个，还在东北请朋友买了个"快开门"坯材，运来后发现不圆度，不平度均有些偏差，走了几个金属结构加工单位，均未谈成；明天运来你们看看，能把它用上我们也可省些加工费。材料是 20 铸，内径 $\phi 1800 \text{mm}$。"运至厂内尺寸如下图 7-4 所示：

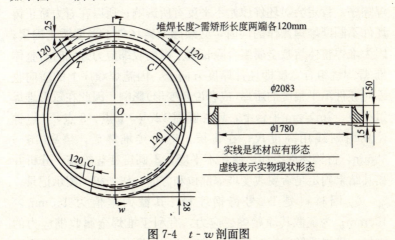

图 7-4 t-w 剖面图

与杨总商量好：先打眼取样做化学分析，以确认是否20铸钢。如果便做堆焊矫形试验，矫形成功，作消除应力处理，再测量，合格，有车加工量，上3m立车车床加工，进入容器设计，制造程序。

　　经化学分析，确认是20铸钢件；进入了矫形堆焊程序。坯样件最大不圆度28mm，且不中心对称。采用J427，ϕ5mm焊条堆焊矫形；如图中失圆度不小，不平整度也存在，经研究确定20铸快开门框坯件表面堆焊法矫正形态方案为：

　　① 采用本厂1m×2m铸铁画线平台两件，组合成表面堆焊法矫正20铸快开门框坯件施工操作台；将被矫工件用标准垫块垫平，使铸坯件可在平台上自由胀缩，曲伸，并可采用画线高度尺和其他量具测出铸坯原始不平整度，不圆度等形态值及矫正过程中的形态微量变化；因为其形态矫正是为未来3m立车"机加工精度作加工准备。

　　② 因20铸坯件厚度虚量值为150mm×150mm，堆焊位置为横位置施焊，起焊，终焊，堆焊焊缝叠加又是垂直立位置形态；焊接熔敷金属冷却收缩除横向长度上的焊缝纵向收缩拉应力，用以矫正工件不圆度效应外，因厚度方向的立焊位置方向施焊顺序，肯定会对坯件原始不平度有所影响；所以在着力矫正铸坯件不圆度堆焊操作的同时，必须顾及铸坯件不平度矫正因素；因为堆焊整体熔敷金属组合除长度上纵向收缩应力外同时有整体堆焊焊缝组合宽度即坯件厚度方向上，因施焊顺序上的横向收缩对坯件不平整度的矫形（或者说是变形）影响；因此在矫形堆焊过程中，2m×2m平台上，坯件圆周12点，6点，3点，9点钟位采用划线用高度尺；在每层，道焊接堆缝后，停歇15～30min，待铸坯件冷却，便作不平度，不圆度变化检查，分析并据其结果确定是否要改变堆焊部位和方向；作如相关图示记录。

　　③ 因材料是20号铸钢坯料，其截面虚值为150mm×150mm；为疏散其原始弹变应力，有利于堆焊金属收缩应力的施加，堆焊矫形前应对坯料件进行"文火"长时间加热，预热至

200℃，再空冷降温至 100℃（点式测温计监测）堆焊矫形开始，此时工件温度是均匀的，有利于矫形。

④ 为保证堆焊焊接质量和不使堆焊焊缝金属过高而增加车床加工量，又能较深层加热增加堆焊厚度从而增加收缩力度；在坯件上平台堆焊操作前将精测量研究的计划堆焊位置，用碳弧气刨铲出深 4mm 的 U 型槽，（因再深后使堆焊层趋近于结构重心线对矫正不利）再用砂轮磨出金属光泽并磨去因碳弧气刨，刨削而产生的渗碳层，并将监控测量位置磨平且不圆度测量面与操作平台垂直，不平度测量面与坯件原始斜面平行以利矫形过程测量精确性。

⑤ 选派焊接操作技能优秀的焊工 4 名进行 20 铸坯料堆焊矫形工作，以避免堆焊焊缝产生焊接缺陷，保证同步堆焊；由两名有经验的焊接专业工程师现场控制矫形施工焊接程序，且全过程连续监控；有经验的两名钳工师傅，现场连续测量监控，记录；共 8 人组成 20 铸钢快开门门框坯件形态矫正研究施工小分队争取 2 日内完成矫形任务。

是杨立旭杨总为事业顶白发而奔波的敬业精神，是我们曾在模板工程矫形成功后想再一试身手的职业惯性，表面堆焊法矫正 20 号铸钢快开门门框不良形态施工小分队在苦心思索、精心施焊测量、细心合力研究中进行着，进行着，每当一次堆焊完毕，15min 后一测量，发现坯件形态朝我们想让它去的方向 1mm，3mm，5mm 趋进时，八团笑面相对，"还行"便异口同声轻声互传，真好像怕别人听到似的。他们围拢来一同看测量数据，坐着研讨下一步如何进行，很快相关措施制订，施焊又开始了……一天，只一天时间，不过已是晚上 7：30 了，合上测量记录图册，明早再测一下吧！咱们完成任务啦！"不，还差一点"年长一些的该车间主任推辆小车带着两个钳工一个焊工走进车间，来到操作平台前；"你们领导中午就知道你们晚上前矫形能完，这台设备将来是我们制造，你们领导与我们研究了一下替你们准备了矫形后保形的最后一道工序，保持堆焊矫形后形态且消除弹变应力。"

如图 7-5 所示，千斤顶组合了测力扳手并在试验机上测了压力。P 略大于未来设备设计压力下门框所承压力值，因为考虑了矫形后上"3m 立车"的加工减薄量。咱们现在一起把它们装上再走吧。明天上午再作消除堆焊后弹变应力处理。

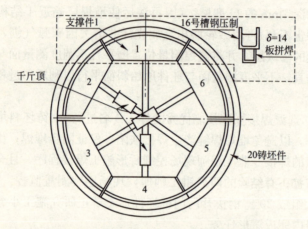

图 7-5 支撑定形保形消应件安装示意图

次日清晨复测了铸钢"快开门"，门框坯件，堆焊矫形后的形态情况：经检查，测量其结果与昨日检查终结记录符合，未产生变化；科长进行了消除堆焊矫形后，工件所存在的弹性变形范围内应力的操作技术交底：

（1）必须清除：消除表面堆焊法矫正工件形态缺陷而产生的弹变应力工艺操作与焊接低合金钢对接接头的焊接过程中消应消氢法工艺操作中的锤击焊缝表面消应法截然相反；决不能锤击堆焊焊缝表面及近域；敲击采用平顶锤，而不是尖顶锤，轻敲震击即可且与被震击面垂直落锤，震击后不得留下锤痕；

（2）锤击震打前仍用"文火"长时间加热，均匀加热整体工件其工件温度不高于 100℃ 点式测温计，等距离测温；

（3）锤击部位应是堆焊部位的对应面，即非堆焊面，其目的是消除因堆焊金属收缩而在对应面上产生的低抗应力使其疏散而将已因表面堆焊金属收缩而产生的我们希望有的变形稳定而不回弹；

（4）当铸钢坯件温度降至室温时震敲击打停止；拆除内环支撑定形措施件；再次最终测量，符合方案要求，转入机加工工序，待设计施工图发车间后加工。

6把两磅平顶手锤轻敲声响起了，它仿佛古代两军交战"鸣金收兵"的锣声；它可能是避敌锋芒的暂撤；也可能是新的克敌制胜方略转折；还可以是穷寇莫追的胜利终结；锣声，锤击声决不是退却！下午上班铃响，拆掉内环支撑定形措施件，经仔细测量检查；结果令人欣慰：快开门门框铸钢坯件形态尺寸比消应敲击前又向理想状态前进了 2～3mm，3m 立车机床加工余量更均匀了，100℃均匀加热，限制形态预加应力下轻敲消除非堆焊面抵抗堆焊收缩变形的内应力是有效的正确的、科学的。

带着胜利的收获，增加自身技术储备的充实、自得感，技术科作了如下总结：

1) 中药饮片厂提供的该厂委托设计制造的"中药浸水罐"用"快开门"门框用铸钢坯件；原始形态缺陷：不圆度较明显的两处，其最大值为 28mm；不平度偏差为 15mm；且其材料经化验确认为 20 号铸钢件；是我们单位继本厂自制 500t 油压机中焊接主缸体铸钢件之后的第二件铸钢件焊接；又是继型钢组合结构大型混凝土钢模板形态矫正制造施工之后的第二个表面堆焊法矫正钢制结构形态缺陷的钢构件，且是异型截面的铸钢构件；我们必须总结经验作好此次施工的总结，并作为本企业的技术储备；杨立旭老先生奔走了几个大厂均未能如愿的未尽事宜被我们这名不见经传的小单位解决了，这说明我们以专业工艺技术兴厂之路是胜利之路。

2) 20 号铸钢，"快开门"门框坯件，异型截面，内径 1780mm，外径 2083mm 高 150mm；原始形态如图 7-4 所示；截面如图 7-6 所示。

表面堆焊法矫正本铸钢件形态缺陷的原理是：堆焊焊缝金属焊接热循环；堆焊加热母材和焊缝金属其热胀过程受阻而被压

缩；而冷却时仍受阻，产生了拉应力，最后产生了焊缝金属及近域母材纵向收缩变形和残余拉应力；同样也产生了横向收缩应力。便产生了相应的变形；我们就是利用这一变形现象和残余应力的方向来矫正钢构件的不良形态和已存在的不良方向变形。

① 图 7-6 是本次形态矫整的"中药浸水罐"快开门门框截面示意图：因为它是个异型截面铸钢环状构件，简单的把认为是个铸钢环是不能矫整其不平度，不圆度缺陷的。所以我们如图 7-6，将它分成了图中黑色面切成的假想的两部分，各自假想其重心面的所在，再考虑使其向理想方向变形的堆焊部位面。

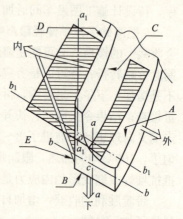

图 7-6　截面示意

② 根据焊缝施焊位置距离构件（焊件）断面中心轴位远近、对称与否，与被焊（堆焊）件的焊接残余变形有直接对应关系：即如构件截面中心轴两侧对称焊焊缝或堆焊时，其焊件（构件）便没有焊后弯曲变形，单侧施焊焊缝，或堆焊，两侧不对称截面中心轴施焊焊缝或堆焊时堆有弯曲变形和残余应力；根据焊缝或堆焊距中心轴越小则弯曲变形越小原理，我们将铸钢坯件中心轴分为 aoa；bob 和 a_1oa；b_1ob 的图 7-6 中假想两个中心轴所在面及 A，B，C，D，E 五个堆焊用面；图中假想黑色切面，将异形截面铸钢件切成两部分，是分析堆焊效果用的假想分段，并非实用面，故而不作面位标记，在图中⇒位所注的内，外，下文字标注，即有堆焊操作面标识内容，也有环形工件局部方向标识内容；我们可据此讨论、分析、实施，采用表面堆焊工艺方法矫整本工程铸钢坯件的全过程，并确定使之向理想形态转化的每一堆焊工艺细节。

③ 快开门门框铸钢坯件形态 OT 方向，TC 段形态，如图 7-4

所示，该段形态缺陷只存在不圆度缺陷：环状，异形截面，局部外凸最大值为25mm；不存在其他缺陷。利用图7-6分析：异形截面为黑色切面所切，靠下面的bob与aoa部分近似长方形环段重心o居中，形态为外凸；我们定堆焊"外"面；当堆焊金属冷却收缩时即是外环面堆焊焊缝纵向收缩时，将"外"弧面拉短，而"内"弧面，E面与"外"弧面均距其中心轴aoa较远且距离相等；"外"弧面堆焊收缩应力能有效使内弧面伸长而趋于被拉直，从而使外凸的外弧面段变缓而内移；b_1ob_1中心线为黑色切面的上部，其截面为下宽上窄的楔形截面，所以其重心线靠下；此部分形态亦是外环弧面外凸，其外凸值实与下部分相连一体，外凸值，方向均与bob线部分相同，只是形态区别另行分析堆焊工艺之用；堆焊此部分时仍是外弧面堆焊；因其形态为楔形，下部又与bob块相连且受其牵制，如果堆焊工艺，部位矣当若产生对不平整度无缺陷的影响便是堆焊工艺和部位的错误，绝不允许；因此订工艺为：b_1ob_1中心线与bob中心线间$o\sim o$段，即是假想楔形下部最宽的一段，此段定义为特殊段：此段距楔形假想段a_1oa_1中心线最远的表面，堆焊此段对矫整该楔形截面外凸缺陷使之内凹些满足符合铸钢环坯件圆度要求较有效；而此堆焊段又是该楔形截面铸钢环两个假想截面的中心，即中性段。堆焊此段对其原来平整度不会有影响；因此订此段，图7-6中C面弧外凸段堆焊二层厚度较大的堆焊焊道，长度如图7-4所示：大于外凸弧段两端各120mm；堆焊宽度40mm，40mm宽堆焊弧面焊后，向楔形截面渐窄的上部堆焊时便是一层较薄厚度堆焊缝施焊了，且只堆30mm宽堆焊焊缝，再往楔形截面上部堆焊时应将堆焊厚度减薄，楔形截面顶部最薄，又离图7-6中b_1ob_1中心线最远，堆焊顶面时会产生局部平整度超差的不理想效果，所以距楔形截面上端面以下30mm范围内环面不得堆焊，留下束的冷态金属用以抵抗，消除，楔形截面下部堆焊焊缝产生的环向（纵向）收缩有利于矫整环向外凸缺陷外的不利于平整度变化的附加应力。

综上述，堆焊图 7-6 中的"外"弧面和堆焊 C 弧面的两面堆焊焊道金属纵向收缩应力，收缩后的形态的结果经测量确认矫整了 20 号铸钢"中药浸水罐"快开门门框，如图 7-4 中 TC 段内，外弧环段外凸 25mm 不良形态缺陷，使之达到 3m 立车充分加工量车加工后满足设计要求的加工精度。

④ 快开门门框铸钢坯件形态，如图 7-4 中 cw 段和 tw 剖图形态；该段形态缺陷存在 cw 段不圆度内凹 28mm 和环形铸钢坯件不平整度 ow 方向下塌 15mm 形态缺陷；应用图 7-6 分析形态矫整要求仍利用异形截面，黑切面图分析作出了矫整其形态缺陷工艺：aoa 轴为环形铸坯件下部近似长方形截面中心轴，其两侧 E 面，"外"面距 aoa 轴对称且距离相等；B 面为 bob 轴下方面；"内"面，C 面为楔形截面部分 a_1oa_1 轴两侧面。因其形态缺陷是在同一环状位置两个方向的缺陷，且不圆度缺陷较大，不平整度缺陷较小；楔形截面在整体异形截面环构件的上部且较薄，将其堆焊过程中面积大，层数多时，因热传导容易产生体变形而不是弯曲变形。必须慎重对待，且应考虑堆焊顺序，整体工件温度，甚至于要矫枉过正等诸多因素。经诸多因素分析后订下了矫整工艺：

在整体异形环状 20 号铸钢坯件矫整工序中先堆焊矫整 tw 段不平度下塌 15mm 部分堆焊 tw 段 B 面，长度大于缺陷段长度两端各加 120mm；宽度，B 面全宽，且近内径环 40mm 宽度范围内环弧堆焊 3~4 层，其余宽度堆焊 2~3 层且矫枉过正，上凸 1~2mm（未来快开门 3m 立车加时 B 面为凹凸法兰密封面的凹面用于加密封橡胶条加工量已计算过足够）以备堆焊楔形截面"内"面时作下塌留量。堆焊层间，间隔时间测量形态变化堆焊层数依形态变化而定加或减。冷却定形后再作铸钢环，坯料 cw 段不圆度内凹 28mm 局部环形段矫整。

cw 铸钢环坯件不平整度矫整符合要求后，仍用图 7-6 铸钢环异形截面黑色切面图来分析作出该段铸钢环段形态不圆度内凹 28mm 形态缺陷，采用表面堆焊法矫整工艺：因为该段不平整度

15mm下塌缺陷已矫整完毕，且留下了"矫枉过正"的1~2mm上凸预留量，作为该铸钢环段作不圆度内凹28mm缺陷矫整时防止该处不良变转的控制量；尽管如此在此不圆度矫整过程中应对曾矫整罢不平度部位作连续监控，防止该处有不良变转。

cw段内凹28mm形态缺陷作表面堆焊法矫整，仍按图7-6来分析安排；图中E面，即铸钢异形截面环的该段内弧面，也就是主要堆焊面；它是图中aoa轴内弧测近似长方形假想部分的内面，离aoa轴最远，其面积较大，堆焊后矫形作用较大的弧面；所以定工艺为：将该面用碳弧气刨，铲削面上横向每10mm一道U形槽坡口，其深度8mm，手动砂轮磨光机，磨掉铲刨渣，并露出金属光泽，磨掉碳弧气刨，铲削后留下的薄层"渗碳层"。横向铲削长度为cw长加两端各外延120mm。堆焊时U槽内横焊位置二层堆焊填充，焊平后再作两至三层盖面堆焊，每个U槽堆焊完毕后立即作铸钢环坯料形态变化测量。出现不理想变化立即采取相应措施纠正。

图7-6中内面与E面假想切开，实则相连，其假想中心轴为a_1oa_1；所在于该铸钢环结构上部是一楔形截面铸钢环段；E面与"内"面均是较重要的堆焊面。所以决定堆焊弧面应是图7-6中E面全部加"内"面b_1ob_1轴位以下弧面均作，碳弧气刨铲U形坡口多层多道堆焊，因b_1ob_1线以下堆焊的堆焊焊缝金属不会引起异形截面铸钢环弧形坯件产生不平度超差形态缺陷。堆焊焊缝金属冷却收缩方向只能起矫整不圆度超差内凹形态缺陷的作用；楔形截面b_1ob_1以的图标"内"面也必须作堆焊施焊；因为"内"面在a_1oa_1轴内侧，堆焊亦起矫整不圆度内凹作用；只是堆焊厚度要薄；因为楔形截面上端面最薄，热传导易产生体积性收缩，而且此部分又在b_1ob_1轴上部且较远堆焊厚度大会产生对原已矫整完毕的不平度偏差产生不良效果而下塌；堆焊宽度（图上看是堆焊高度）不应太宽，堆焊至距楔形顶面30mm处，不再向上堆焊，仍是防止产生不平度形态缺陷。重要的是加大E面及内面可堆焊厚度，必要时采用附加外应力法堆焊该部位，直至

符合不圆度理想状态要求。

（5）一般情况堆焊工艺在施焊工作台上，工件处于自由状态实施表面堆焊法矫整施工。而表面堆焊施工及矫整工件形态矫整后。工件内部存在一定的堆焊残余应力；堆焊焊缝强度选择是按焊接材料熔敷金属名义保证值进行的，前文已谈过："焊缝金属的实际强度远远超出其标准中名义保证值"本工程堆焊焊缝金属又加入了铸钢坯件：20 铸的熔入金属，起到了"熔合比"作用；它们在电弧冶金作用下形成强度较高于铸钢坯件的堆焊焊缝金属；又在较高强度的堆焊焊缝金属冷却时纵向收缩应力作用下；铸钢坯件产生了理想方向，理想大小的塑性变形；目的达到了，但是在环形铸钢坯件内部除消耗掉了的堆焊金属产生的大部分收缩拉应力外，仍会存在堆焊焊接过程中产生的残余应力，且其方向是较复杂的；为消除或减少残余应力，为使已矫整符合理想要求的形态定形不再变化，必须采取相应定形和消应措施。

在许用应力下定形，消应便是我们采用的工艺技术措施，也是此次表面堆焊法矫整"中药浸水罐"所用"快开门"门框 20 铸、铸钢坯件形态矫整的最后一道工序。

定形，是将已经采用表面堆焊法矫整原始形态缺陷后，保证理想形态稳定而不逆转的工艺技术措施；消应，是定形的工艺方法之一，就焊接施工讲，往往焊接残余应力和焊接残余变形是同时存在的，所以就表面堆焊法矫整构件工件不理想形态工艺方法讲，定形、消应工艺技术措施应是同时进行又殊途同归的最后一道工序。如图 7-5 便是保证堆焊工艺矫整铸钢坯件后合格（或说符合理想形态）形态的附加外力机具；在此机具上实施的"消应"工艺过程便是定形，消除堆焊焊缝金属冷却收缩，尤其是纵向收缩产生的拉应力，矫整铸钢坯件的理想形态后的堆焊焊接残余应力过程。图 7-5 是单件定形强力抑制矫整后工件定形部件单件图；图 7-5 是一组 6 件"定形强力抑制形态定形"单件组合加抑制力的"定形"状态图。其抑制力为 20 号铸钢，$[\sigma]^t$ 即 $t=100℃$（常温）许用应力值计算后的千斤顶顶力；锤击，敲打，震颤消应在定形抑制工装机件施加了"许用应力"值附加应力后的铸钢坯件未曾做过堆焊的部位或堆焊面的对应面上进行。其目的是使堆焊残余应力向未曾实施堆焊的部位疏散；敲击堆焊面的对应面时应增大些、敲击力度，这样可锤击延展对应面表面金属，增大堆焊矫整形态的效果，同时也消除了堆焊残余应力。有一举两得功效。

技术科，表面堆焊法矫整中药饮片厂委托制造的"中药浸水罐"铸钢"快开门"门框不良形态总结会，在每个人均有"自得"感的心态中召开，在愉快的气氛中结束；在此后的一段时日里，假设一件存在形态缺陷的型钢组合构件或其他钢构件，并绘制出其假想截面图和形态缺陷部位，方向和尺寸及假想切面分析图；几个人围拢来，分析讨论，有时是争论，该钢构件怎样采用表面堆焊法矫整其不良形态的工艺方法和工艺技术措施。这样的事，俨然成了他（她）们茶余饭后的谈资、趣事；20余年过去了，追忆那弧光闪烁的往事，那弧光照亮了的面孔；她已是某公司总工了，他是技术科长了……追忆使每个人充实，惬意。今天写出这些简单粗浅的往事仅供乐于此事的同行的参考，也可作为闲谈之资。

第8章　桥梁用结构钢、高强度低合金钢的手工电弧焊

手工电弧焊是熔焊中最基本的焊接方法。(金属焊接的简单分类为：熔焊，压焊，钎焊三种)手工电弧焊又可分为熔化极手工电弧焊和非熔化极手工电弧焊(如钨极氩弧焊)两种。熔化板手工电弧焊，简称手工电弧焊，它能用设备简单，操作方便，灵活，一些结构形状复杂，零部件小，采用自动化焊接困难的焊接工程必须采用手工电弧焊来完成；目前国内外手工电弧焊仍是焊接工作的主要方法之一。钢桥梁制造，尤其是安装工程手工电弧焊是必不可少的焊接工艺方法。在大跨度全焊接钢桥，超高层钢结构建筑迅猛发展的时代；手工电弧焊施焊中厚板焊接接头，铸钢节点的机动，灵活，可焊范围广泛，焊缝使用质量较高(抗裂性能和高韧性)等特点更显其优越性，在一些建筑钢结构，钢桥结构制造安装行业至今对埋弧自动焊等自动焊设备配装相应工艺装备可以扩展其施焊范围能力的情况所知甚少，又不去向化工建设，电力建设等行业交流和学习，并从而在提高所制产品的使用质量、安全可靠性方面作出努力和在焊接工艺技术上得到长足的长进；因此在这里谈些手工电弧焊工艺技术，以提高焊制强度型低合金钢结构使用质量可靠性还有些必要；是强度型低合金钢故有焊接性的需要；也是提高强度型低合金钢结构焊接接头使用安全可靠性的需要。

1. 低合金高强度结构钢，桥梁用钢故有的焊接性

建筑钢结构，钢桥结构，设计工程师常将低合金高强度结构钢，桥梁用钢材料选用为主体结构用材料；这两种强度型低合金钢的焊接性中，的确都有"氢敏感"或者说"冷裂纹敏感"特

点；绝大多数钢结构建造企业的焊接工艺技术人员，对此类材料实施手工电弧焊选用焊接材料时，首选其牌号为 J507 的碱性、低氢型焊条施焊。其选择是非常正确的；如果使从业焊工再较多地了解其焊接电弧下的冶金过程和操作过程中应注意的相关事宜及其原理，努力用心训练操作技能；那么提高所焊制的产品使用质量便是水到渠成的事了。

前文已阐明：焊缝金属中扩散氢的存在是产生延迟裂纹的主要因素；再加上被焊金属"氢敏感"和淬硬性较高；焊接接头部位的拘束度大（较厚板料或较大型构件相拼焊）；结构拼焊工艺顺序不当而产生了较高的内应力等都是在焊接部位产生危害性缺陷：裂纹，延迟裂纹的因素。

本文内容到这里写氢元素对焊接工程，对焊接过程的危害性缺陷产生的过程及消除的方法，工艺已是不少了，下面谈一下氧、硫、磷三个元素在电弧冶金过程中的情况和结果。

氧在电弧高温作用下分解为原子，原子氧对焊接熔池金属的作用比分子氧更为激烈。焊接过程中氧化反应发生在熔滴和熔池金属表面：

$$Fe+O \longrightarrow FeO+Q \qquad (8-1)$$

$$Mn+O \longrightarrow MnO+Q \qquad (8-2)$$

$$Si+2O \longrightarrow SiO_2+Q \qquad (8-3)$$

$$C+O \longrightarrow CO \qquad (8-4)$$

式中 $+Q$——表示氧化反应时放出热量。

手工电弧焊时氧来自电弧周围的空气，其次是焊条药皮中的高价氧化物及工件表面的铁锈、水分等分解物；当焊接电流较大，操作时电弧较长时，电流大则熔滴细小，增大了熔滴与氧的接触面积；电弧长则熔滴过渡路程远，增加了与氧接触的时间；都会使焊缝金属含氧量增加；焊缝金属中的含氧量增加，就会使它的强度极限，屈服点，塑性和韧性均降低，尤以冲击韧性降低最为明显。还会使焊缝金属耐蚀性降低，冷脆性倾向增加，总之氧对焊缝金属的危害不小，必须在焊接电弧冶金过程中脱氧。

硫是钢中的有害杂质之一，硫在钢中以 FeS 形式存在，FeS 可溶解于液态铁水中，熔池冷却结晶过程中 FeS 即析出，它与 Fe、FeO 等形成低熔点共晶，并存在于晶界上。当焊缝冷却收缩时，在内应力的作用下导致热裂纹；在焊接电弧冶金过程中亦必须有脱硫过程。

磷以铁的磷化物形式存在于钢中，而 Fe_3P 等能与铁形成低熔点共晶，聚于晶界，易引起热裂。更严重的是，这些低熔点共晶削弱了晶粒间的结合力，使钢在常温或低温时变脆造成冷裂纹。电弧冶金脱磷较为复杂，困难，但必须脱磷。

在电弧高温作用下氢和氮会溶解于铁水中（氢在前文中已述，此从略）氮在焊接区，来自于空气，高温时溶入熔池，并能继续溶解在凝固的焊缝中；随温度下降，溶解度降低，析出的氮与铁形成化合物以针状夹渣形式存在于焊缝金属中。氮含量高时使焊缝金属硬度和强度提高，塑性降低，同时也是形成气孔的原因之一。它来源于空气，手工电弧焊时电弧越长，氮侵入越多，熔池保护越差氮的侵入也越有机会；埋弧自动焊，严格规范下施焊的气体保护电弧焊，短弧，较小电流施焊的手工电弧焊，能显著地降低焊缝中的含氮量并消除其危害。

手工电弧焊时在电弧的高温作用下，基本金属（母材）局部熔化，形成一个充满液体金属的凹坑，我们称之为熔池。熔池中的液态金属，由基本金属熔化部分与熔化的焊条金属组成。焊接时，熔池的周围充满着大量的气体，熔池中覆盖着熔渣，这些气体、熔渣与液态金属之间不断进行着一系列复杂的物理、化学反应。反应的结果，在很大程度上决定着焊缝金属的质量。由于电弧区和熔池的温度很高，同时又有电弧对熔池的强烈搅拌，因此，电弧区和熔池中的冶金反应进行得非常强烈，反应速度也非常快；下面简述一下碱性，低氢型，牌号为 J507 焊条为焊接材料施焊桥梁用结构钢时的电弧下元素的氧化与还原；气体的溶解和析出；有害杂质的去除等冶金反应情况：

钛白粉（TiO_2）、大理石（$CaCO_3$）、云母（$SiO_2 \cdot Al_2O_3 \cdot K_2O \cdot$

H_2)、硅(Si)、钛铁($FeO \cdot TiO_2$)、萤石(CaF_2)低氢型焊条药皮中含有较多的大理石($CaCO_3$)和萤石(CaF_2)，碱性较强故称碱性焊条；由于这种焊条的药皮在焊接时产生的保护气体中含氢量很少，因此又称低氢型焊条，此外另有抗裂性优于 J507 的 J507H 为超低氢型，J507HR 为超低氢型高韧性焊条又优于 J507H 焊条。

锰(Mn)在强度型低合金钢中是一种很好的合金剂，当钢中含锰(Mn)在 2% 以下时，随含锰量的增加，钢的机械性能特别是强度和韧性不断提高。我国锰的资源丰富，所以常把锰作为低合金钢的主要合金元素。

在焊接过程中锰是一种较好的脱氧剂：

$$Mn + FeO = Fe + MnO \tag{8-5}$$

此过程减少了焊缝金属的含氧量，还会提高了熔渣的流动性。碱性熔渣的脱氧特点是用硅，钛脱氧其反应式为：

$$Si + 2FeO = 2Fe + SiO_2 \tag{8-6}$$

$$Ti + 2FeO = 2Fe + TiO_2 \tag{8-7}$$

硅与氧的亲和力比锰大，脱氧作用强，但是 SiO_2 熔点高达 1710℃、黏度大，不利于脱渣，易形成夹渣，所以用 Si，Mn 联合脱氧，熔渣产生 MnO_2 和 SiO_2 的复合化合物，其熔点和粘度都比 SiO_2 低，保证了高的脱氧能力，也避免了单纯硅脱氧的缺点；这也是 J507 焊条药皮组合成分的特点。

钛是强脱氧剂；脱氧生成物 TiO_2 不溶于熔池铁水，虽能与 FeO 或其他碱性氧化物形成钛酸盐浮出熔池。熔渣中含 TiO_2 起稳弧作用且易于脱渣；钛除脱氧作用外，还可以和氮结合，生成不溶于铁的稳定化合物，可以阻止时效；钛还可以细化晶粒，改善组织和机械性能。在 Q345q 和 J507 焊条药皮组成物中均按要求加入了钛元素。如表 8-1、表 8-2。

硫在钢中是有害杂质，FeS 应在钢中，焊缝金属中消除。锰的脱氧作用前已阐述；锰还是很好的脱硫剂；焊接过程中脱硫采用两种办法：元素脱硫和熔渣脱硫。锰脱硫便是元素脱硫。锰对

硫的亲和力比铁大,能把铁从 FeS 中置接还原出来从而减少焊缝金属的含硫量。锰的脱硫反应式为:

表 8-1

牌号	质量等级	化学成分(%)(熔炼分析)					
		C	Si	Mn	V	Nb	Ti
Q345q	C	≤0.2	≤0.6	1.00~1.60	≤0.08	≤0.045	≤0.02
Q345q	D	≤0.18	≤0.6	1.10~1.60	≤0.08	≤0.045	≤0.02
Q345q	E	≤0.17	≤0.5	1.20~1.60	≤0.08	≤0.045	≤0.02

表 8-2

焊条牌号	焊芯	焊条药皮组成物(%)								
		钛白粉	中碳锰铁	大理石	云母	硅砂	钼铁	苏打	萤石	15#硅铁	钛铁	水玻璃
J507	H08A	5	5	44	6			1	20	5.5	12	

表 8-3

牌号	代号	化学成分(%)						
		碳 C	锰 Mn	硅 Si	铬 Cr	镍 Ni	硫 S	磷 P
焊 08 高	H08A	≤0.10	0.30~0.55	≤0.03	≤0.20	≤0.30	≤0.040	≤0.040

$$FeS + Mn = MnS + Fe \tag{8-8}$$

MnS 不溶于熔池液态金属而进入熔渣被排除;熔渣脱硫是熔池和熔渣中的 MnO、CaO、CaF_2 进行的。如(8-5)式

脱氧后,
$$FeS + MnO = FeO + CaS \tag{8-9}$$

这里锰的脱氧,脱硫是同时进行的;萤石(CaF_2)脱硫一方面是氟与硫化物生成可挥发性化合物;另一方面 CaF_2 与 SiO_2 作用可以增加 CaO 有利于脱硫。J507 碱性焊条药皮中有大量的大理石($CaCO_3$)、萤石(CaF_2)和铁合金脱氧能力强;熔渣中有大量碱性氧化物这就使 CaO 脱硫效果显著。

磷在钢中也是有害杂质之一。碱性焊条中含 CaO 多有利于脱磷；焊接时脱磷分两步进行，首先是使磷氧化为 P_2O_5：

$$2Fe_2P+5FeO = P_2O_5+9Fe \quad (8\text{-}10)$$
$$2Fe^3P+5FeO = P_2O_5+11Fe \quad (8\text{-}11)$$

P_2O_5 在高温时极不稳定，易分解；第二步则是熔池和熔渣中的强碱性氧化物 CaO 和酸性的 P_2O_5 结成稳定的磷酸盐其反应式为：

$$3CaO+P_2O_5 = Ca_3P_2O_8 \quad (8\text{-}12)$$
$$4CaO+P_2O_5 = Ca_4P_2O_9 \quad (8\text{-}13)$$

反应生成物，磷酸盐进行熔渣。碱性焊条中含 CaO 多有利于脱磷，但和要求 FeO 多发生矛盾，因为碱性的熔渣脱氧性强，因此不能有较多的游离 FeO，如要求增加 FeO 势必使焊缝中含氧量高，对焊缝质量不利；如果要求熔渣中 CaO 和 FeO 都高，又和脱硫矛盾，因为脱硫需同时脱氧；所以焊接中脱磷是较困难的；一般是严格控制原材料中的含磷量。

J507 碱性低氢型焊条，除含氢量低之外焊条药皮中的萤石（CaF_2）中的氟（F）还可以和氢化合成稳定的氟化氢（HF），它不溶于液体金属而直接从电弧空间扩散至空气中减少了焊接电弧空间，熔池金属的含氢量及其危害。

以上简单地介绍了 J507 碱性，低氢型焊条，施焊桥梁用结构钢的电弧冶金，脱氧，脱氢，脱氮及脱硫，脱磷、和掺金属的部分情况。在了解了这些情况后，再反思一些有害杂质的产生及危害性的原因时，便可以导出手工电弧焊，采用 J507 碱性，低氢型焊条，施焊桥梁用结构钢，低合金高强度结构钢焊接行为应有的操作规范行为，分析有害气体来源，采取相关手段防止有害因素产生。

（1）手工电弧焊时，焊条末端在电弧高温作用下熔化，熔化了的液体金属以颗粒状不断离开焊条末端过渡到熔池中去，此过程称之为熔滴过渡；焊接电流增大时，提高了熔滴金属的温度，减小了熔滴的表面张力，致使熔滴变小，也就增大了与侵入电弧的氧，氢等有害气体的接触面积。

（2）手工电弧焊是明弧焊接，电弧有长、短之分，电弧长时就拉长了电弧中熔滴过渡的路程，也就延长了熔滴与侵入电弧中有害气体的接触时间。

（3）氧，氢，氮来自于电弧周围的空气和焊条药皮中残留的结晶水高温下分解的气体。母材上的铁锈、水分、油污在电弧作用下分解出的气体。

基于以上分析：J507焊条应采用排出湿气型专用焊材烘干箱，360℃烘干温度下烘干2.5h后，保温1.5h，取用时放入电热保温焊条筒，携至焊接工位随用随取。如此可清去焊条含水量，减少了焊接电弧区的氢，氧来源；施焊前必须对工件坡口及近域进行严格除锈和清理，显见金属光泽。

施焊操作依J507焊条特点：使用电流为直流，反极性连接，且电流值较酸性焊条略小。最重要的是短弧施焊且保持电弧稳定燃烧。每个焊工师傅的操作水平各异，操作手法各有不同；但是应训练操作时掌握满足焊接正常进行，采用较小电流施焊而不沾焊条的操作能力；因为电流较小时熔滴较大些向熔池过渡，与侵入焊接电弧区的有害气体的接触面积会变小些；操作时采用短弧施焊使熔滴过渡的路程变短，同样可以使熔滴向熔池过渡时与侵入电弧区的有害气体接触时间变短，都有利于电弧冶金的良性进行，从而消除包括产生气孔在内的不良因素。

2. 一些手工电弧焊焊接施工的不良现象（含半自动CO_2气体保护电弧焊，埋弧自动焊）

钢桥建造施工监理的机缘，得以到某大型钢桥结构制造企业驻厂监造；借工程招标考查投标企业的机会；参与工程设计交底会的过程走过一些大型钢结构制造企业，看到了一些焊接工程施工的不良现象，说是"现象"是因为它不利于焊接工程质量，又不能用焊接术语称之，故称之为现象吧。

1）引弧板的使用及焊接至工件边缘端头时的回焊收弧。

在一些建筑钢结构，钢桥结构制造大型企业中，目前已大有半自动CO_2气体保护焊施焊取代手工电弧焊的趋势，但手工电弧焊施焊尚有余留。无论采用哪一种焊接方法，板料对接接头拼接时，接缝两端均应拼接引弧、熄弧板，这已是常识；在无法拼接引弧熄弧板的结构件施焊对接、角接接头时，起弧时应退步前推至端头再压弧施焊；收熄弧端头应焊至接缝端头，再回焊10～15mm熄弧；这样施焊引、熄弧可避免接缝端头产生缺陷尤其是避免产生气孔群和端头裂纹缺陷。

在某钢桥任专业监理工程师期间，到某大型钢桥制作企业驻厂监造；桥梁结构件制作开工；下料工序之后便是板料拼焊；监理"交底"会上已明确要求：引熄弧板的材料应与被拼焊的板料的材质、厚度相同；坡口型式，尺寸，组拼间隙，磨削状态等都应与将要拼接的板料接缝相同；引入焊缝长度，延出焊缝长度均不少于40～50mm（即引、熄弧板上的焊缝长度）；埋弧自动焊时引弧板应不少于100～150mm；用于施焊时引入主焊道前对焊接参数的最后调整，以消除网路电压的变动对焊接过程的影响。

开工后到生产车间巡视是例行公事；远望去埋弧自动焊，半自动CO_2气体保护电弧焊，都在进行长短不等的对接接头焊接；引弧板都拼接在端头接缝上了。走近看时才知道：日前的"交底"是徒劳了：引熄弧板装上了，但引熄弧板上并没开与主焊道相同的坡口；引熄弧操作是在引熄弧板上进行的，但引弧时，因工件未焊前温度较低，熔深较浅，使焊缝强度减弱些的焊缝成形宽度较窄，余高较高的起头部位，在引弧板上只占一半，而另一半则在主焊道上；焊接收尾应是采用回焊法收尾，而实际上没作回焊操作确在收尾时留下了未填满的弧坑，而弧坑在熄弧板上也只有一半，另一半仍在主焊道上。这种现象的存在引发的质量事故是惊人的：在上海市某钢厂曾发生过百余件吊车梁因此而造成的对接接头部位翼缘板撕裂；天津市也曾发生路向指示牌钢管柱下法兰，三角补强板焊缝末端未回焊，弧坑未填满，使用过程中弧坑开裂并延伸而造成的管柱整体环向开裂；这个大型钢桥结构制造厂制造的瀛洲大桥钢叠合梁结构的小纵梁，按该厂惯例依铁路钢桥标准探伤验收：即按接头数量的10%（即10道对接焊缝100%超声波探伤之后，取一道接头进行射线探伤）进行了射线探伤，合格出厂。尽管驻厂监理工程师对此现象进行了指正并监督了整改，旁站了返修；但现场安装施焊时更换了焊接施工队伍，仍按旧习惯施焊，建设单位对现场安装焊缝委托第三方进行无损检测，结果是一次探伤合格率仅60%；超标缺陷均在小纵梁翼缘板端头，又一次现场批量返修。希望该大型钢桥制造企业能加强焊工培训提高施工质量。引熄弧板使用虽是常规，要真正起到它应起的作用，是个焊接工艺管理是否正规，严格的事宜，是个要对分包队的焊工进行正规培训的问题；只会较简单的焊接工艺操作，未经严格正规的培训、考核的焊工上岗完成"任务"是会对企业信誉不利的。这里说的只是起弧开头收弧结尾，引熄弧板的应用事宜，可以说是小事，小事做不好会影响大事的。

　　有些工件的焊接是不宜加引弧板施焊的，也有的工件不能在起头，收尾处施加引熄弧板，但它总是有起头，收尾的部位的。不采用引弧板的起头引弧施焊，因未焊前工件温度低，引弧后不能迅速使该处金属温度升高，所以起头部位熔深浅。因此起头处引弧后应将焊接电弧拉长而不压弧焊接，用较长电弧对将焊焊缝端头处进行预热，然后压弧施焊；一条焊缝焊完时应把收尾处的弧坑填满不能立即收弧，如立即拉断电弧就会形成收尾处低于母材表面的弧坑；较深的弧坑使焊缝收尾处强度减弱，并因局部应力集中易产生弧坑裂纹；路向指示牌，钢管柱下法兰，三角补强板焊缝末端开裂便是弧坑裂纹的一例；焊缝收尾操作有几种操作方法，对于牌号J507的碱性、低氢型焊条，施焊桥梁用结构钢时较适用的方法是：焊条焊移至焊缝收尾处立即停住，并改变焊条角度回焊20mm长一小段较慢收弧，这样起头和收尾就不易产生弧坑缺陷了。

　　2) 钢管混凝土拱桥、拱弦安装手工电弧焊钢管混凝土拱桥，拱弦(或曰拱肋)吊装段工地现场安装焊接为全位置施焊；拱弦管最大管径为 $\phi 1500\times 20$，$Q345q^C$ 材料板卷制焊接管；吊装段长为 10～13m 不等；定位后施焊存在一定的拘束度，加上该材料焊接性有冷裂纹敏感的特点；因此设计、监理都提出要求：工地拱弦安装环焊缝，采用手工电弧焊。

　　查了一下该大型企业的焊接工艺评定"清册"；并无此种工艺技术储备；与该企业厂内的"焊接技术研究所"技术负责人谈了一下，令人费解的是：如此年产值以亿元为单位的大型钢桥制造企业居然不能进行 $\delta \geqslant 20mm$，$Q345q^D$ 材料、单面焊，背面自由成形施焊全位置的焊接工艺评定，只能进行加垫板全位置手工电弧焊焊接工艺评定或加垫板半自动 CO_2 气体保护电弧焊工艺评定，而且如果要进行不加垫板，背面自由成型工艺评定，需等过几日"高手回来"才能进行。

　　高手是个年富力强的有经验的焊工培训操作培训教练。单面施焊背面"自由成形"工艺评定试板组拼完毕；经焊接所与瀛洲桥监理洽商，拱管焊接工艺评定采用平、横、立、仰四个位置，$\delta=20mm$，$Q345q^D$ 材料，平板对接施焊进行。

　　"先焊仰位置"教练作罢了准备工作调整了施焊电流，开始焊了。一旁的监理工程师问："是不是先练一下手？""不用，这就是工艺评定试件！"三根 $\phi 3.2mm$，J507 焊条，焊后换焊条时，也曾任焊接操作教练的旁站监理工程师不得不说"停"了："这是什么材料，什么焊条？""又为什么断弧焊根焊焊缝？""不行吗？""是的""而且是严禁断弧焊"。"我们始终这样焊"。"始终不对！"于是用砂轮轻磨焊道背面'自由成形'的焊道。发现了断续小缩孔的存在。

　　按施焊工艺理论上讲：J507 碱性，低氢型焊条，全位置施焊根焊部位是严禁断弧施焊的，因为每次起断弧向熔池内过渡的熔滴，焊接电弧的保护气体均不能对其作良好的保护，而且熔滴在裸露状态冷却很快形成缩孔，应该是每次断弧焊点的金属都有缩孔存在，所以发现的缩孔是断续的，因为有些缩孔被停弧燃烧

89

较长的过程二次重熔了。

又一个"新鲜"的理论出来了："就这样无损检测准能过得去，最差是Ⅱ级片"，"力学试验也没问题"言词凿凿好不自豪；是的，射线照相，底片评定标准中对于点状，圆形缺陷，是按点数评计的，GB 3323—2005 中 $\delta=20mm$ 母材厚度，对接接头当存在圆形缺陷为 9 点时仍可评定为Ⅱ级；而试板件的力学试验时试件两侧面焊缝余高均应磨削平整，那时有些近表面的"自由成形"余高中缺陷已磨掉，应力集中现象已不多，再说焊缝金属强度本就高于母材不少；做拉伸试验时破断在因材而不在焊缝区是普遍现象；"弯曲试验，可表明焊接接头的完好性""有些细小缺陷用肉眼和无损检测检查不出来，而用弯曲试验则很容易显示出来"。这是日本《高强钢用药皮焊条》JIS E3212—1982 和《低碳钢用药皮焊条》JIS 3211—1978 标准的理论；而气孔，缩孔都可能以细小的缺陷形式存在于焊缝中。但因其产生原因，形成过程的不同则形态不同；气孔是溶于熔池的气体，高温下有的已为原子扩散状态，有的在熔池冷却结晶时富集为漏斗状气孔，所以在射线底片评定定性时，较易辨认：凡大小圆形缺陷其中有一较黑的小点的缺陷均为气孔，除非透照射线光束与气孔长度方向垂直时，其底片的影像是漏斗状侧影的带尖尾而无黑点的形态了。总之气孔再小也有长度（或深度）无损检测也有其"检出率"或者说局限性，而弯曲检查能显要害；缩孔则不然，缩孔只有施焊过程中收尾，收弧，不当时，或施焊首层焊背面"自由成形"熔透焊时存在于焊缝表面，近表面的缺陷；它的深度或称长度绝不大于"断弧焊"有人称之为"点着焊"的一个焊点的厚度，因为它是那焊点冷却收缩时的表面缺陷；只要把"自由成形"余高磨平，缩孔余害将荡然无存，弯曲检验的合格率也会很高。

如按以上分析，单面施焊背面自由成形施焊时采用"断弧施焊"操作是可以的吗？回答仍然是，不可以！因为所谓焊接工艺评定的概念为：为验证施焊单位所拟定的焊接工艺的正确性而进行的试验过程及结果评价。焊接工艺评定的目的在于验证焊接工艺指导书的正确性，焊接工艺正确与否的标志在于焊接接头的使用性能是否符合要求。经焊接工艺指导书的正确与否的评定，并评定施焊单位的技术能力。如仍按以上分析而论，"焊接工艺指导书"如此指导则"正确"的水平不高。

　　焊接工艺指导书是由具有一定专业知识和相当实践经验的焊接工艺技术人员撰写的。在探伤检查，力学性能试验的合格可能性把握一方面可能较笔者所知更细致全面。这里不妨再提些焊接工艺评定指导施工焊接的事宜，请注意：施工工程上的工件装配组拼，坡口加工实际工况与工艺评定试件的加工，装配粉度是不同的，仍使用"两点击穿法""三点击穿法"（法：这是 J422 酸性焊条的施焊熔透根焊手法）施焊，且仍采用 J507 碱性焊条是困难的，又何况是未经严格训练的焊工。碱性焊条施焊应采用较小电流短弧，连弧施焊，且应经一段严格训练后操作手法方能纯熟。即便是试板仰位置施焊，试板背面熔透自由成形焊缝表面是有下凹现象的，力学试验前总不能把母材磨成薄板吧，应该按规定：焊接工艺评定试板应请本单位中等焊工施焊切勿请高手。为了焊接接头的使用质量可靠性，从钢材的焊接特点出发，选择与其相适应的焊接方法，培训焊工，提高产品的使用可靠性。

　　经研究进行了平板对接、加金属垫板，平、横、直、仰四个位置手工电弧焊，板料材质 $Q345q^D$、焊接材料为牌号 J507 的碱性，低氢型焊条的焊接工艺评定。现场施焊，采用了焊前 150～200℃预热和层间预热，短弧施焊的工艺方法；安装开工初期，拱管对接环焊缝焊后一次探伤合格率较低，气孔，夹渣超标缺陷频出；焊接专业监理工程师进行了现场施焊操作监查，巡查了现场Ⅱ级焊材料库设施和管理情况，均较规范；询问焊材Ⅱ级库管人员时，她正在为现场高空作业施焊的焊工调整焊接电缆的位置、在为另一个焊工调整焊接电流、在……很忙；待她闲下来时问："您在烘干焊条时烘干和保温时间，温度如何掌握？""您已看见啦，赶工期，焊工两班倒着干，拱下边的事我帮着干，半夜中班下班时我才下班，我算好明天的焊接工作量，估算一下用多少焊条,把它烘上,这一天的事才算完。""那烘干时间怎样把握。""甭把握,我们这烘干箱升温到360°,到定时,自动停机,保温。""那烘一夜?""不到一夜也就8个小时吧明一上班,定在保温挡上,谁领我就发"天呀!这批焊条在箱内被高温下烘干了几次?只有那不会讲话的自动烘干箱知道了。

焊缝一次探伤合格率不高的原因终于找到了:有一定专业知识的焊接工艺人员都应知道:烘干后的焊条,当日如有剩余时,次日使用前应再次烘干,是为了防止"回潮";但其烘干次数不能超过两次!在焊接工位上看到的:滑擦引弧施焊时,焊条端头药皮脱落现象,正常焊接时也有焊条药皮脱落现象;焊接熔池有时可看见气体在沸腾逸气,焊后的气孔,夹渣都是因焊条多次烘干造成的。焊材Ⅱ级库管理,标牌上明标"专人"管理,专人不假,但不是专职,只是顺手代管而已。焊条的实际工艺性能在"烘干"过程中被破坏,望能引以为戒。

3) 手工电弧焊的外观和内部质量

有人说:"手工电弧焊是在钢铁结构上泼运钢水的铁笔书法"。是的,焊条在跟踪接缝轨迹运笔(条)有方、提顿有法、成形有章,与拼接构件浑然一体组成钢铁艺术结构,且外美内坚。

对于手工电弧焊焊缝外观美和内部质量好是同一件事的两个方面内容;也从来没见过经射线透照,金相试验,应力测试全部都符合使用性能要求,焊缝外观却较差的焊接接头;这个道理很简单,任何金属结构制造企业的质量管理工程师都知道:焊缝外观不合格连焊后的无损探伤都不能委托进行。

钢管拱拱肋安装焊接进行了,监理工程师检查焊缝外观成形,并明确规定,外观检查前不准磨修焊缝外观;这规定令施焊队伍管理人员,焊工都不大舒畅;因为该企业,焊接完毕的焊缝进行磨修外观已是作为一道工序进行的,手工电弧焊(该企业很少采用),半自动 CO_2 气体保护电弧焊的任何位置焊缝,船形位置的埋弧自动焊(跟踪有误的焊补部分)焊后是都要磨修焊缝外观的;而他们所焊的焊缝也都是必须磨修外观的;而钢管混凝土拱桥拱弦制造，安装设计要求：对接焊缝需进行100％长度的超声波探伤检查并要求每条焊缝长度的20％进行射线探伤检查，且丁字形焊接接头部位是必查部位；按 GB 11345；GB 3323 现行标准执行。

　　射线探伤实施了，透照完毕的射线探伤底片评定时的难度，令该企业选派暂驻现场的高级（Ⅲ级无损检测人员）射线探伤工程师和无损探伤专业监理工程师搔首难定，争议频频而无定论；有争议时需拿着底片到现场拱管焊缝探伤部位，按底片影相，比对那表面很不规范的焊缝外观，凹凸显著不平的接头处，有类似夹渣形态的深坑；表面多层焊的较深的层间咬肉又与底片上弯曲，尖头的层间未熔形态难分；盖面层起弧处用砂轮轻轻一磨就显露的气孔群采用超声波探伤难测其缺陷深度……。总之表面缺陷与内部缺陷的混杂，给底片评定造成了很多困难，如果按底片分级规范评定都应返修，可是返修焊工的操作水平又与原施焊焊工相差无几；返修后焊缝外观依然如此，又当如何？总之焊工的操作工艺必须抓紧培训。

3. 手工电弧焊施焊采用 J507 焊条焊接低合金高强度结构钢，桥梁用结构钢的几种工艺操作方法

　　1）前文已述 J507 牌号碱性低氢型焊条在焊接强度型低合金钢材料时的电弧区冶金反应情况；而那些冶金反应是在焊接电弧气氛下进行的；而保证电弧气氛对焊接冶金过程的正常进行和有效保护；焊接工艺操作就必须采用相应的操作手法施焊；例如：电弧电压与电弧长短有直接关系；电弧长则电压高，反之则低，熔滴过渡是熔滴从焊条夹端熔化以滴状向熔池过渡的过程；电弧长则熔滴过渡路程远些；与外侵气体接触时间长些；熔滴过渡与电流大小也有相关变化；电流越大过渡的熔滴越细小，与外侵气体接触面积就越大；这都不利于焊接电弧冶金过程和焊缝质量；故而牌号 J507 的碱性低氢型焊条在施焊强度型低合金钢时，不论进行平，横，立，仰哪个位置施焊，选用的焊接电流都应较小

于使用牌号J422焊条焊接碳素结构钢时相同直径焊条，施焊相同位置焊缝时选用的焊接电流；换言之采用较小电流施焊；总之选用较小电流焊接过程中应始终保持较短的电弧长度，稳定均匀的焊接速度施焊；再采用相应的"运条"（有人称运棒，摆条等就是焊条在焊接区的运动）方法进行各种焊接接头施焊，去争取焊接操作功力的长劲和焊缝质量的"外美内坚"，从而保证焊缝使用安全可靠性。

依据材料的焊接性能由焊接工艺人员编撰工艺操作要求文件，诸如：采用较小电流，短弧施焊，焊接速度要均匀稳定等等，再细致些可根据实践经验或向外单位高手学习后规定相关准确数值都是不难做到的事；但是让每个上岗焊工都能熟练地掌握较小电流，短弧施焊，焊速稳定而均匀的操作技能，绝不是一朝一夕之事！这怕要从向其他行业学习，选聘工艺操作教练开始，再组织焊工学习工艺理论，用心去进行实际操作练习；因为不明相关焊接缺陷产生机理的"苦练"是效果不大的，却只是材料和焊材的浪费；还要组织实际操作能力考核。（考核发证的"考委会"应具有相关资质和能力；如本企业"考委会"不具备培训考核相关资值应报请具备培训考核资质的单位进行）。

2）手工电弧焊施焊操作方法介绍

手工电弧焊一般焊接操作方法可以说成平焊，立焊，横焊，仰焊四个位置的施焊操作方法而对于全焊透，单面施焊背面自由成形施焊的操作工艺方法来讲，平位置，仰位置施焊较难掌握，如将较难准确掌握的水平位置，单面焊背面自由成形操作工艺技术用心去训练，并能熟练掌握后，其他横、立、仰位置施焊操作技术就已经掌握了一大半；例如立位置施焊操作，施焊过程中每一次运条操作横向运动得到的都是一条短小的水平焊道，实际上立焊焊缝就是将多个短小的水平焊道有序，顺直，不断修整形态地垂直方向地叠合而成的焊缝；所以要不断修整电弧下的熔池形态，是因为：焊工操作时看到的燃烧状态的电弧区的熔池形状，便是其冷却凝固，结晶后焊缝外观成形形状；焊接过程中熔池形状不是固定不变的；时而左侧缺凹而右侧凸垂，时而中间凹而两侧凸垂，这样的焊缝其外观成形不会顺直、圆润美观；焊条端头，燃烧着的电弧和其中连续过渡到熔池内的熔滴应是由焊工指挥就位的，左侧缺凹的熔池形态发现后焊接运条就在熔池左侧微停慢运条，留下两滴铁水补上；右侧已凸垂则运条滑过熔池右侧上挑观察熔池形态在形态微缺且已出现冷却凝固微波处压弧，运条，焊接。焊接全过程，应全神贯注，每次运条都是有目的，有控制进行，而运条后观察效果，决定下次运条方向，方法和欲达目的；立位置施焊根焊时（即熔透焊，背面自由成形）一般组拼间隙为3～4mm，钝边为1mm短弧，连弧施焊，压住电弧施焊，横向运条，熔池处的坡口钝边处应有－ϕ2.5～4mm的熔透孔，随焊接的进行熔透孔上移，熔透孔孔径不应有变化；熔透孔大些时横向运条后下拉电弧使其降温然后返回正常施焊；熔透孔小些时，横向运条后，上挑电弧对熔孔上部略加预热以增加熔透孔径，提高熔透程度；然后再正常施焊。填充层，盖面层施焊操作仍是如此只是较容易掌握，控制而已；此时熔池和熔渣敷盖下的熔融状态金属面积稍大了些，而熔态熔渣，只敷盖熔化状态熔融状态混态熔池2/3的面积，焊工可真切观察到熔池将要冷却结晶时的形态是否是理想，利用运条时的电弧气体吹力，熔态金属的表面张力，修整将要冷却的，含熔融状态的熔池金属的形态，也就是修整将要成为焊缝形状的金属形态更加随意，得心应手。但是必须提出这操作技能也可以说是功夫，仍非是一朝一夕就可练成的，是要真功夫的；要经过正规培训，苦练方可成功。

① 较难掌握的水平位置，全熔透，单面施焊，背面自由成形接头操作工艺技术

有人将全熔透，单面焊，不加垫板施焊称之为"单面焊双面成形"是错误的。因为按《锅炉压力容器焊工考试规则》中对其焊缝表面质量检验的要求：对焊缝正面检验和背面检查的要求是不同的；对背面焊缝的检验要求只是：背面焊缝余高不大于

3mm，背面凹坑和末焊透的相关要求规定；而对正面焊缝则有：焊缝余高，焊缝余高差；焊缝宽度，焊缝宽度差的相关形态要求，这些要求对不加垫板单面焊，背面形态来说是做不到的。

水平位置，$\delta=16mm$，$Q345q^D$（或 E）材料、接缝处 60°坡口，1～2mm 两侧钝边、组拼间隙当接缝长度为 400mm 时起头焊端 3mm、终焊收尾端为 4mm，两端加拼引、熄弧板，点定施焊前应作组拼质量检查；工艺试板焊接件应作 4～5mm 预留反变形以保证弯曲试验时，正、背面弯曲角度准确性；工件施焊时板件 8～30mm 厚板均不留钝边，间隙，通条焊道均留 3.5mm；有条件时预留反变形量，无条件时应采取控制变形措施，以利相关联结构施工，安装；管件时坡口，钝边同板件；施焊后微量"缩径"变形一般不需控制，施焊时以防止缺陷操作为主（管件是指，平位置骑座式全熔透平角焊）。

水平位置全熔透结构施焊，根焊层焊接，要保证熔透，保证根焊层无缺陷，保证背面自由成形的局部余高不大于 3mm；因为较长段焊缝背面余高近于 3mm 是不易做到的，而且有焊穿的可能性，加上熔滴，熔池无依托状态时的重力作用，电弧吹力作用焊接操作是较困难的，因此必须采用较小电流能满足稳定施焊的较小直径焊条，连弧，短弧施焊。于是可选择 J507 牌号，碱性低氢型焊条，符合 $Q345q^D$ 材料焊接性能要求；$\phi 3.2$ 直径、电流可采用 80～90A 以减少熔滴的体积，使之少受重力作用影响有利于熔滴过渡；短弧施焊，缩短了熔滴过渡到熔池中去的距离，形成短路过渡，形成稳定的金属熔滴过渡和稳定的焊接过程。连弧施焊不同于"点焊"法，它保证了熔池的存在，保证了液态熔池和熔滴金属的汇合成新的熔池，稳定焊接过程，保证了熔滴与熔池汇合时所借助的熔池液态金属的表面张力。焊接操作时，认真观察焊接电弧区熔池形态和温度情况，灵活、及时地运用恰当的运条方法便会焊出高质量的焊缝的。

图 8-1 是平板对接接头，水平位置施焊，单面焊背面自由成形，焊接工艺技术的焊条施焊时与工件（或试件）相对角度。

在焊接过程中，当观察发现熔池形态不理想时焊工应随机应变。起焊时滑擦引弧稍停，无钝边或 1mm 钝边在电弧高温和电弧保护气体吹力下形成 $\phi 2.5 \sim 3.5$ 熔孔时压低电弧，微作横向运条和往复直线运条使熔孔前形成熔池，熔池，熔孔形成后仍作横摆和往复直线运条使熔池前进，熔孔后移形成根焊焊缝；熔孔大些时，焊条较大幅度后拉运条使熔孔近区冷却凝固熔孔变小后仍正常运条焊接；当熔孔变小时便危及熔透，熔到位了操作焊工应减慢往复直线运条，减小运条幅度使熔孔扩大后正常运条施焊。总之要密切观察及时应变，但必须保持短弧焊接。正常施焊时要平心静气，焊速均匀，这样熔孔孔径变化机率就小些。焊接到接缝终点时，回焊 $10 \sim 15mm$ 缓慢拉断电弧避免收弧弧坑和产生弧坑缩孔。填充焊道和盖面焊道，使用 $\phi 4mm$ 焊条，采用如图 8-1 所示，回拉弧月牙形运条法，可避免填充焊道的中间凸起，两侧边缘低；盖面焊道施焊时产生"层间未熔"缺陷。盖面焊道焊接时亦应采用此法运条可保焊缝外观美观，要注意换焊条接头时应在前那根焊条弧坑前 10mm 处引弧，弧形运条前推，观察换毕焊条引弧后，加热原留的弧坑全部，新换焊条的新熔池形成后的等一纹熔波与原留弧坑边缘重合后，微运条扩展，减薄新熔池，避免换新焊条接头处凸起现象，后运条施焊；这样的焊缝外观很美观。动作要快要准，熟练此法的焊工，焊出的焊缝可做到全焊缝接头处找不到像自动焊的痕迹。真的达到了外美内坚的铁笔书法的美学效果。

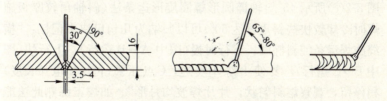

图 8-1　水平位置对接根焊焊条角度

② 外观丑俊不一手法统一困难的横位置，全熔透，单面施焊，背面自由成形接头手工电弧焊技术。

"外观丑俊不一,手法统一困难的横位置焊缝"的提法看上去,听起来都有些不顺当;多年来见识过国内一些化工建设、电力建设、建筑安装、钢桥制造安装等行业,见到的横位置焊接焊缝,尤其是焊缝外观确是如此。如前文所述,有的大型钢桥制造企业磨修焊缝外观已成为了该企业的一道"工序",不磨削的焊缝已经丑的不能见公众了。下面我们谈一下,工艺操作技术:

如图 8-2(a)(a_1)横位置全熔透单面施焊,背面自由成形,平板对接头焊接准备时,上板,下板坡口角度是不相同的,上板坡口一般在 35~40°之间;而下板坡口在 25~30°之间;施焊过程中,熔池前的熔孔形态是向已焊毕的焊缝方向倾斜的椭圆熔孔,且上半孔稍大些;焊条角度如图 8-2(a_1)所示,焊接电弧主指下板坡口面,使熔池形成斜面,随焊接过程的进行,熔池随电弧移动而冷却成正面按理想状态成形,背面自由成形的根焊焊缝。全熔透根焊焊道;填充焊焊道;盖面焊焊道,运条方法基本相同,均如图 8-2(c)所示,60°斜向椭圆形螺圈运条法,焊接层次不同,螺圈长、短轴大小不同,根焊时小些,填充焊时大些,盖面层焊时更大些;另外还有焊接时的运条速度不同;填充焊,盖面焊均是稳定匀速施焊;而根焊时熔孔大小变化,熔池形态变化是瞬时的,焊工必须及时应对,控制其不利倾向,焊接速度,焊条角度,都要因熔池形态,熔孔大小,形态,随机应变作好相应调整控制;熔孔变大时,应将电弧后拉,长度大些,稍冷却后再作往复运条施焊;但各种运条变化均应在短弧焊接状态下进行;图 8-2(c)所示 45°斜轴椭圆形螺圈旋形运条法(斜轴角较厚板施焊时冷却较快些斜角可达 60°)可以归纳为几句口诀来记忆:"横缝施焊运条使斜椭圈,下行时慢(图中 A→B 运行),上行快(图中 B→C 运行),要使上缘不咬边,C点压弧(再压短电弧长度)稍停留,观察熔斜匀状,片片焊波均月形"。如焊工练熟此法能焊成上不咬,下不垂,焊波均匀,切开断面俨然水平焊缝断面只是余高略高。

如果焊工手法略拙,会焊成上边缘略低,微度咬边,成形不

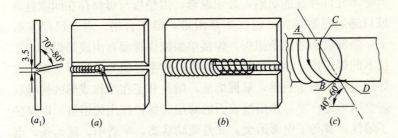

图 8-2 横位置焊缝根焊层，盖面层施焊运条法示意图

美。可令采用较主焊道使用的焊条略细的焊条，电流小些，起焊于该条焊缝的终端，仍用短弧施焊，小幅度运条或直线运条，在主焊道上边缘下方低于边缘线一个所用细焊条直径部位的平行于焊缝的直线上，较快速度拉条反向施焊；焊毕后其焊波与主焊道焊波斜交，即补了主焊道的上缘咬边，又使整条焊道宛如麻花状，补其焊缝外观之拙。取书卷上点缀闲章之妙。

有一些企业的焊工，横位置平板对接接头全焊透施焊，采用金属或非金属垫板，且大间隙施焊；多采用多层，多道焊，堆焊过程多不规范。多层多道焊施焊的焊接顺序很重要，安排欠妥时易出层间未熔和层间渣缺陷；而且焊缝外观缺陷形成容易消除难，这怕是有的大型钢桥制造企业招收不少劳动力从事用手动砂轮磨削，那些培训操作不到位，上岗操作施焊的低质量焊缝外观的"措施"原因。孰不知磨修焊缝外观时，可能误把焊缝边缘"热影响区"部位，也就是焊接接头处原就是较薄弱的部位磨削减薄或手工磨削不慎造成的较深磨痕，是对整体结构的使用性能不利的。

采用垫板，较大间隙组拼焊接，是拥有经严格理论，操作培训的焊工短缺或较少的企业在安装施工，施焊全熔透对接接头时多用的焊接手段；非金属垫片是定型产品，陶瓷垫板中间熔透焊缝部位有一弧形凹槽，有利于各种位置熔透焊时的背面熔透焊缝与母材的圆滑过渡和外观形态美观；而金属垫板安装时垫板必须与母材坡口面贴紧密实而不应留有间隙；否则焊接时易产生"背咬"；缺陷；"背咬"缺陷在射线探伤标准中有"视同未焊透"规定是不允许存在的缺陷，必须返修；因垫板与母材存在间隙且离坡口越远间隙越大，返修非常困难，难于合格。对于已经掌握了，斜轴椭圆形运条施焊，焊接单面施焊背面自由成形焊接工艺技术的焊工讲，他们会越实践越得心应手；因为此种焊法焊工在焊接过程中易于观察，掌握熔池，熔孔和正在冷却成形的熔融状态金属形态；半月形熔池表面的薄层起保护作用的熔渣，即保护了熔池，参与了电弧冶金，又是流动状态，半透明，随运条，电弧指挥而动的形态会使焊工在"自得感"中施焊；这便是牌号J507碱性，低氢型焊条的工艺性能和得法的运条操作的有机融汇。希望尚未拥有掌握手工电弧焊，单面施焊，背面自由成形工艺施焊的焊工队伍的钢桥制造，安装企业的技术负责人动容，创造条件培训焊工，提高企业技术储备，保证本企业制，要产品使用安全可靠。

4. 仰位置，全熔透单面施焊，背面自由成形对接接头手工电弧焊技术

仰位置，全熔透，单面焊背面自由成形对接接头手工电弧焊，由于熔池倒悬在焊件坡口部位下面无所依承，又在重力作用下，仅靠液态时表面张力和电弧吹力暂维微塌，微垂形态，施焊时熔渣又有越前现象，故焊接操作较困难；故而焊接时必须保持最短的电弧长度，使熔滴在很短时间内过渡到熔中去，在熔池液态金属表面张力作用下，很快与熔池液态金属汇合，促使焊缝成形。

如图8-3所示，焊接时，引弧后应将坡口间隙起焊部位熔穿—$\phi 3 \sim 3.5$的熔孔并形成悬吊熔池焊接电弧不能过多加热熔池已形成部位，使熔池随电弧移动而冷却形成焊缝，还要加热熔孔后边缘，使熔孔后移，所以焊条角度如图8-3所示微向前倾作往复运条，熔孔靠右时电弧指向左侧，靠右时指向左侧，正常时交替运条完成根焊层；电流选用90~100A压低电弧稳运条观察熔孔，熔池形态施焊。填充层焊缝采用坡口两侧微停并压弧月牙形

运条；盖面层焊缝采用焊缝两侧压弧微停锯齿形运条施焊；各层均压低电弧匀速焊接，除出现熔池形态不理想情况外焊条角度不变；焊至终点端头时焊条改成90°封头儿回焊10mm，缓拉电弧熄断结束施焊；当板厚δ＞20mm时焊前应预热，焊后应"后热"；当强度型低合金钢板厚大于28mm时手工电弧焊焊接亦应采用"焊接过程中消应，消氢法"施焊；以提高焊接接头的使用性、可靠性。

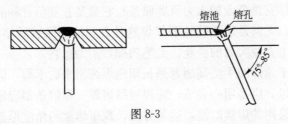

图 8-3

焊缝质量分外观（即成形状态）质量和内部质量两种；这是最初等质量检查；而确保焊制钢结构的焊接质量全都符合要求；确保全焊接钢桥结构焊接质量和安全使用可靠性及设计使用年限可靠性是一整套复杂的系统工程；它绝不是简单的焊工艺评定，焊缝处观检查，超声波探伤和射线探伤的抽检就可以定论的。结构及其焊接接头使用性能概念，目前在钢桥相关标准，规范，技术要求中尚是个空环。那怎能提及安全使用可靠性，更可叹的是，居然有号称全国前几名的大型钢桥建造企业所焊制的桥梁构件的焊缝外观靠手砂轮磨修合格的。

手工电弧焊对有些常识的技术人员对焊缝看一眼，便可从焊缝纹路，也可以说从焊波形状上断定其焊接位置和大约的内部质量；在洛阳的一架新建的钢管混凝土拱桥，一张从拱弦拍摄的X射线底片三个有经验的无损检测专业工程师对这张在拱弦环焊缝丁字接头部位拍摄的300×80射线底片，进行了近半小时的洽商甚至争论，一位同时是焊接专业工程师的无损专业工程师，依据焊接缺陷产生的机理分析该底片：有部分缺陷是外观缺陷；有部分缺陷是内部缺陷；就射线探伤检查的底片评定概念讲，都应认为是内部缺陷，但是要出据仅守探伤工作之德，指明缺陷性质量和存在部位的服务型返修通知单；就必须注明哪些底片上超标缺陷是外观缺陷应补焊磨修；如只修焊缝内部缺陷，则返修后拍摄的底片上焊缝的缺陷量仍是超标；故三名探伤人员共同携底片到现场，就底片影像缺陷位置对照焊缝实物确定焊缝的内，外部实物缺陷，绘制返修部位图下达返修通知单；外观丑的焊缝其内部质量好的可能性几乎是零，因为焊工手拙。赶快进行正规的焊工培训吧！它是企业的人力资源储备！它又是企业信誉和品牌效应的基础。尤其是用手砂轮磨修焊缝外观，油漆涂装后结构出厂，还标注上企业大名的企业。走笔功拙，实为忠言。

  焊工施焊的手法高超者是长期施焊练出来的不假；但不只是练就可以，应是用心去练，施焊时每熔焊一根焊条都应思索一下自己所采用的焊接电流，运条方法，观察熔池的角度形态等是否正确，每熔焊一根焊条有一份体会，收获；看教练焊接操作或看比自己手法结果好的高手焊接操作后，有条件情况下最好在看后立即拿起焊钳模拟练习，这样因"视觉暂留""形象暂留"的作用学得会更像更好，收获更大；人乐于事必勤；待手法妙而熟的时候，疲劳就消失了功夫也成了。

第9章 工艺技术管理与焊接工艺技术水平

"功欲善其事，必先利其器"，钢制焊接结构产品标准化的不多，如气瓶(氧气瓶、液化气瓶等，采暖散热器、车辆等)尤其是建筑钢结构，桥梁钢结构，结构不同形态各异；桥梁所在位置的地质情况不同水文情况有异因河而建更无标准化，各桥相同可言。标准化产品可设计、调试自动化生产线生产施工制造而非标产品则不同；正规金属结构制造安装企业承接非标金属结构产品制造。安装前，从合同评审开始，便启动以质量保证工程师(一般企业的总工程师职务)主持的四大管理系统：材料工程师主持工作的材料系统；工艺责任工程师主持的工艺系统(含工艺制造设备及工艺装备管理)；焊接责任工程师主持工作的焊接系统(含理化，金相试验)；质量责任工程师主持工作的质量系统(含无损检测)开始审图和相关工作；材料系统按设计图中选用材料品种，规格，数量，结合本企业库存储备、材料市场调研、本企业资金情况等提出合同履约可能性和材料代用申请清单和代用理论依据；代用原则：以高代低，保证工艺可行性和结构产品使用可靠性；工艺系统审图目的是：①设计合理性审查；②产品制造工艺，安装工序过程可行性审查；③隐蔽工程施工可行性、安全性审查等并提出相关意见和方案；焊接系统分两部分：工艺文件编制和工艺装备设计。制造与调试是由焊接工艺工程师和工艺员的责任部分；焊接工艺纪律检查，和工艺结果检查是焊接责任工程师和工艺检查员的责任部分；因为此部分工作有与质量责任工程师交汇部分；其责任需要协调；质量系统是由质量责任工程师主持工作的(含试验，检验，无损检测及外协委托检验部分与工艺，材料，焊接系统均有工作交汇)该系统人员审图后，编制该产品的"检验工艺规程"包括从材料，到产品的每一过程的检查内容，项目，检验方法，设备，仪器，仪表，检验依遵的标准，规范，检验数量（试件组）合检指标，结果分析，结果评定等内容，均是检验工艺规程内容，另附实施（或外委托）细则。以上所述看似与焊接工艺装备事宜无大关联，实际上金属结构制造，安装企业，一切管理工作都应该相依相融，专业能力互补相商相携地工作，责任分清，为了一个共同目标：那就是努力提高企业所制造的产品的使用安全可靠性；提高企业品牌效应和社会效益；而提高钢制焊接结构产品的使用安全可靠性的基础工作，便是提高产品焊接接头的使用质量可靠性；其手段应是焊接工艺的先进和科学性，这当然是企业中焊接工艺技术人员的任务了。

通常为一项较大的建筑钢结构或钢桥结构的制造，安装工程，组织考查承包施工企业的施工能力时，考查人员一般要审核投标企业的"焊接工艺评定汇编"（或曰"焊接工艺评定清册"）；因为"焊接工艺评定"的概念是："为使焊接接头达到某一目标，产品施焊前，对施焊单位所拟定的"焊接工艺指导书"的正确性而进行的试验过程和结果评价"，而焊接工艺指导书应由本企业的，具有一定专业知识和相当实践经验的焊接工艺人员，根据钢材的焊接性能，结合产品特点。本企业工艺条件和管理情况、来拟定的；《钢制压力容器焊接工艺评定》JB 4708—2000 标准总则中 4.2 条款："焊接工艺评定，验证施焊单位拟定的焊接工艺的正确性，并评定施焊单位能力。"实际上考查方的行家里手可以从"焊接工艺评定汇编""以一斑窥全豹"；被考查方则可一显技术储备能力，简单直接，一审双得；互相都得到了初步的认识了解。

在大跨度，结构型式新颖，形态多样的钢桥，开启钢桥；高层、超高层建筑钢结构的迅猛发展，构件截面不断增大，选用的钢板越来越厚；铸钢节点件，锻件，轴件，支撑件，机械传动件的应用；不锈钢，有色金属的装潢……对焊接施工工艺，工艺能力的要求越来越高，要求焊接工艺管理水平应再科学，严格，提高；对于厚度 $\delta \geqslant 28$mm 的桥梁用结构钢焊接接头作了焊接工艺评定，还不能说能保证其产品的使用安全可靠性了；根据桥梁用钢焊接性能特点和材料厚度情况在进行了焊接工艺评定后，构件(产品)在某一热处理规范下处理后，对接头进行焊接残余应力测定和微观金相组织观察，分析合格；焊缝熔敷金属(或焊缝区)定氢测试合格，最终综合评定确定其"焊接工艺规范"才是保证结构(产品)使用安全可靠性符合要求。又例如 18-8 型奥氏体不锈钢，焊接过程中要控制脱碳、贫铬的产生，焊后还应加速冷却，对构件，焊接接头的敏，钝化处理等工艺技术亦是保证结构使用可靠性的技术措施；有色金属焊接，各种有色金属均有其固有的焊接性能特点，必须采取相关工艺技术措施施焊和作相关处理，保证其使用质量。总之随钢桥结构，建筑高层，超高层结构的跨度，截面，板厚的增大，铸件、锻件、不锈钢有色金属材料的应用都对建筑钢结构，钢桥结构制造、安装行业的焊接工艺技术人员和焊接工人提出了较高的要求。对于焊接工艺技术人员的要求概括起来就是三个字的要求，否则工作起来就不能得心应手；这三个字就是电、焊、机；是要求焊接工艺工程师掌握这三个字：电即是电工学，强电弱电，电器设备，电焊机的使用、维护、维修和改造；焊，即是材料、金属冶金、金属焊接性能及理化性能、金相、热处理基本知识和焊接工艺方法；机，便是机械制造，用于焊接工艺装备的设计，制造和调试，焊制结构变形的防止，矫整。随时间的推移，经验的积累、借鉴、学习，工作起来便得心应手了；企业的施焊质量，功效定会快速提高。

谈到焊制钢结构制造工艺，工艺装备(简称工装)机具由来已久，上溯千年冷兵器时代砧垫、锤便是造兵器的工装；上海市机电设备安装公司金属结构厂的一套液化石油气瓶自动化生产线，从下料到气瓶出车间 13 个生产工人定岗操作，日产近百个中压，易燃气体介质二类钢制压力容器的液化石油气瓶合格出厂靠的是精心设计、制造、调试成功的各工况岗位的设备上配装了工艺装备的自动生产线。这是定型标准化产品生产；而非标准结构就难度大些了；在钢桥制造的"设计交底"会上，承包方的焊接工艺技术工程师审图后发言,常见两种情况:一种是(面有难色地讲)图中某处焊接实施较困难,空间太小焊工进不去,又要求焊透,能否尽量增加单侧熔深,按二级焊缝处理?另一种情况则不然(言词凿凿)图中某处的焊接条件谁也不能焊透,我们能保证85%熔透!当时非常高兴,$\delta=25mm$ 的板厚熔透 85%就是 21.25mm,有如此精确的保证,操作者技能一定高超,见高人不可失之交臂;可反思之:目前世界上对焊缝检测的先进仪器设备"超声波成相"技术,目前检测灵敏度,精确程度尚达不到 1/100mm;也就是世界上目前的检测仪器设备尚不能对 25mm 板厚熔透深度 85%即 21.25mm 工件完成检测判断。目前对 $\delta=25mm$ T 形对接接头施焊熔透深度精确地保证为 21.25mm 的工艺手段尚须研究,试验其可能性;此先生言词凿凿在"能"字后加上了"保证"熔透,令人费思量;汉字的"说"字是言字旁加上一个兑现的兑字;如按检测手段,精确度;施焊工艺方法熔透深度可调整熔到精确程度考虑,分析;"保证"二字从口中说出就是欠思量了,那么口字旁加上个欠思量的欠字其不就是吹了。一般在公众或亲友面前答应了,说罢的话总是要兑现的,才能有信誉,何况在"设计交底会上",一个工艺技术工程师说一段目前世界上不可能兑现的技术语言。这是欠妥的。

为了协助一些钢桥制造安装企业青年焊接工艺工程师解决类似空间较小确应焊透,焊工,焊接设备又不能达及的焊接接头。笔者提些建议和提供几件简单,自制,较灵便,曾使用有效的工装器具供参考:

(1)直径 $300mm \leqslant D \leqslant 700mm$ 卷制圆筒形构件纵焊缝内缝埋弧自动焊,($D \geqslant 800mm$ 时焊机可进入筒内施焊在此从略,用与不同工器具均可。)和矩形截面柱结构矩形截面对角线不小于 300mm 的内船型焊缝埋弧自动焊;类似结构的加劲肋筋板 T 型接头船形缝埋弧自动焊用工装器具:小探杆。"小探杆"用于如上文所述,施焊空间小,焊工、自动焊焊接设备均不能进入施焊,不可能实施熔透焊的工件焊接,并使之熔透,且效率高,焊缝外观美，内部质量高。

如图 9-1 所示 MZT-1000 型自动焊车；焊接时它要占去的空间是大于 500mm×1200mm×900mm 的空间后方能实施焊接，而前文所述施焊条件差，空间小，如图 9-1 埋弧自动焊焊车，制造厂出厂就是如此；但是它是装配成形，也留有拆改的接头；如图 9-2 所示，将焊车送焊丝，装配导电嘴部位拆改一下，装配一根探杆使它的焊臂加长，需要时可达 4～6m；细长的焊臂，施焊时可在焊前将焊剂敷在焊道上，不需焊剂斗，其高度可缩至 260mm 或再小些；卷制钢管板厚 $\delta \geqslant 6mm$；直径 $D \geqslant 300mm$ 的纵焊缝便可以内、外缝都采用埋弧自动焊了；再加上引、熄弧板，外观美，内部无缺陷的纵焊缝只需烘干焊剂，按施焊工艺执行操作便可以得到了；又如前文所述钢叠合梁锚箱焊缝；因为井字形结构，中间只有 320mm×320mm 空间，板厚又是 40mm 内焊缝又不能施焊，又要焊透；于是采用了 40°V 型坡口外侧半自动 CO_2 气体保护焊；焊了共 36 层；造成了根焊裂纹返修多次；造成

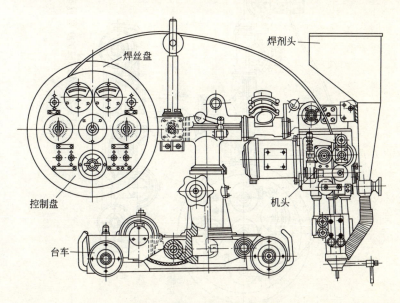

图 9-1　MZ-1-1000 型自动焊车

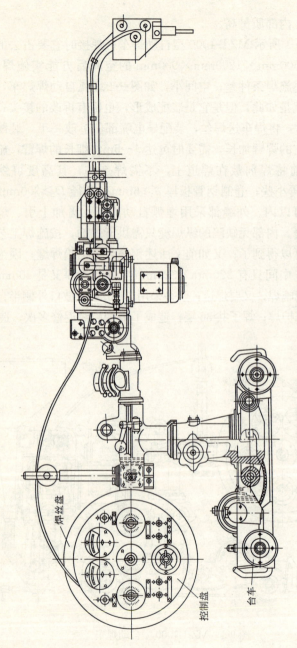

图 9-2 MZ-1-1000 型自动焊车装配小探杆示意图

因坡口40°太大填充金属过多的较大焊接变形；又采用了没有任何"标准"依据的"热矫"变形，结果产生了因"热矫正"矫出的焊缝背面母材裂纹40余条；如果用"小探杆"采用大钝边，窄间隙法埋弧自动焊只需内外各两层施焊；效率高其10倍以上，且内外均采用船型位置施焊，焊透可不必担心，碳弧气刨也无根可"清"了；吊车下将结构件摆成船形位置施焊；矩形截面的对角线长达400mm有余，内加20号小角钢轨道，机械跟踪焊道，小探杆重量不重，轨道也轻便，轻按电钮便可调试，焊接过程了；小探杆的细部结构及各部件所起作用，安装时注意事项见下图9-3，及相关说明。

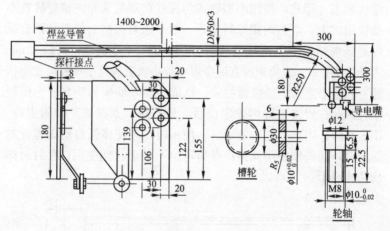

图 9-3 中部件 2 拆件图

上图9-3：小探杆图由部件1：2和导电嘴等组成，导电嘴是从原"焊接车"送丝系统拆下移装在探杆上，固无需绘图；拆下后按上图配装部位，配钻安装孔，装配即可。拆件图中"槽轮"图制造五副轮、轴；分两种：有4件"槽轮"材料为45号钢圆钢车床车加工依图制作；有一件为跟踪导向在小型20号角钢制轨道滚动的缘源轮应采用绝缘材料，如尼龙棒加工；焊丝导管，用于焊丝经电机，减速器，送丝轮送出后将其插入焊丝导管，因送丝系统送进力足够，焊丝被送出焊丝导管后，将其插入四个矫直槽轮送进导电嘴便可待令焊接了；探杆接点板，安装部位，就是焊车原接导电嘴部位，安装前按原部位接点孔位，配钻安装孔；但安装前应将原节点处的绝缘垫片复位后依原样安装；探杆结构和焊接车装配完毕后，原导电嘴上的"电弧电压反馈供电信号"线，应延长仍接在导电嘴上，且应将其固定在探杆主干管上；焊接电缆应采用较主电缆细些的两根焊接电缆，其导，供电流值之和不小于主电缆，固定在探杆主干管两侧，以保证焊接行走的稳定性，并一端固定，牢固合装在导电嘴上，另一端合装于焊接主电缆；用标准接线鼻儿连接，不用探杆施焊时，拆掉此端，将探杆妥善存放待用。使用探杆时，根据焊接头施焊条件、结构形态，型式，使用小型轨道将探杆前端尼龙导向槽轮放置小型轨道之上，焊接时跟踪行走；一般平板对接接头的卷制钢管纵焊缝施焊船形位 T 形接头施焊可用下图 9-4 小轨道：材料 20mm 边长角钢；20mm 角钢矫直后拼焊中空小轨道旁跨小探杆尼龙小槽轮，轨道中空为焊接接缝位置；轨道小而轻便应为防其变形而轻拿轻放；在焊接接缝位置定位后，最好用"永磁铁"吸附定位，不需点焊；因是工艺装备工具，使用时，为使埋弧自动焊焊丝对正接缝，尚需作些小调整；点焊定位不利于长期使用；存放时亦应防止变形。

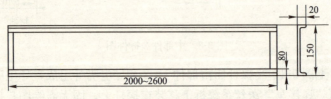

图 9-4　小轨道示意

小探杆的使用实际上，是加长了埋弧自动焊焊车的焊臂，且使之矮些，瘦些，便于窄小，细长空间实施埋弧自动焊，借以提高焊接接头的质量，和施焊功效；小探杆安装时，焊接电缆直接接在导电嘴上；焊车电弧电压自控系统：送丝电机他激磁组反馈供电线鼻儿也直接接在导电嘴上了，也就是安装小探杆后施焊工艺参数与未接安探杆前的焊接控制，供电，行走速度可保持不变，便可以正常施焊了。钢桥建筑钢结构制造企业的焊接同仁，不妨一试。

（2）自制探臂，施焊卷制钢管环向接缝：探臂式焊接设备早已有定型产品，一些大型企业大都有此类大型设备；但使用率均不高；一个金属结构制造，安装企业，承接非标准设备，结构钢构件制造，安装是家常便饭；如果让一个企业拥有高质量，高效率地制造安装那些形态，结构各异，材料不同，使用功能又有各种要求的非标金属结构、产品的设备能力、工艺装备、焊接工艺，工装是不可能实现的。就焊接工艺，工装机具来讲：一些常用的焊接工艺，工艺装备，机架，传动机具应该必备、完好、够用且应拥有一些常用，本企业已标准化的工装备件库；这样焊接工艺技术工程师在审核新承接的非标产品设计图后，进行新的焊接工装设计时，便在原有焊接工艺装备中，拼，改，增加些新设计的部分结构，就能较快，较容易地完成任务了。也就是基础水平高，创新，改造就快。效率就高。上文介绍了焊接施焊空间窄小条件下，施焊卷制钢管 $300mm<D<900mm$ 的卷制钢管内纵焊缝，外纵焊缝全焊透对接接头的埋弧自动焊"小探杆"；使用它还可以施焊对角线不小于 $350mm$ 的矩形截面钢柱，（或曰方管）的内，外焊缝的全熔透接头埋弧自动焊；又可以施焊中厚板结构中间距较短，空间窄小的全熔透焊的筋板 T 型接头，船形位置的埋弧自动焊。

近几年来钢管混凝土拱桥结构，发展较快；拱弦制造"以折代曲"工艺"满足"或说"符合"设计拱轴曲线要求的工艺手段，已开始为直管焊接，安装段拱管，采用中频焊管机焊制，以科学、准确地满足设计拱轴曲线要求的工艺所取代；拱管桁架结构的横斜支撑结构管，与主拱管相贯线连接的焊接工艺也引进了"压力容器焊工考试规则"和"承压管道焊接工艺"的"骑座式"连接全熔透，手工电弧焊工艺技术施焊；其焊接接头的承力状态、使用性能均有提高；这种形势下，拱弦管，直管段拼焊、环焊缝接头施焊，再采用：陶瓷垫半自动 CO_2 气体保护电弧焊打底、填充，却用埋弧自动焊盖面；在某大型钢桥制造企业的"焊接工艺评定清册"上确有此项评定；埋弧自动焊电源设备（俗称埋弧自动焊电焊机）完好，滚轮胎架性能良好，还有操作技能卓越的焊接高级技师；这种工艺方法功效低下，焊接质量，会因焊接层次多而缺陷产生几率不少；想到此不得不说：这样大的企业；这样笨拙的施焊工艺方法是有些滑稽了。

与采用小探杆施焊卷制管内纵焊缝一样，采用类似工艺机具便可提高功效质量；如下图 9-5：采用工装机具管内外环焊缝埋弧自动焊；悬探臂埋弧自动焊机配以滚动台架调整滚轮线速度后是可以对圆筒形拱管施焊内，外环焊缝的且功能稳定调节方便准确；但一般将它固定安装在车间一侧，对长度十几米的拱弦直管环焊缝施焊就不太灵便了。

简易探臂内环焊缝施焊工装器具设计原理与"小探杆"相近似；甚至于可以用小探杆改装配用；当卷制管节直径 $500mm \leqslant D \leqslant 900mm$ 时，可以用小探杆改装，配以线速度可调整的滚轮胎架便可对筒节环焊缝施焊；因为管筒内径在 $500 \sim 900mm$ 范围内，焊工可进管内作电弧跟踪调节；但焊接大探臂尚不能探入管筒。简易探臂结构见下图 9-5。

图 9-5，环焊缝管筒内环施焊，简单，灵便；其结构除加上了一个"螺旋杆微调器"外，利用了焊接车上的原有节点；焊制了加上脚轮的长臂车便成功了；焊接电缆、电弧电压反馈供电线、控制箱盘内与送丝电机、接线、均延长接好，固定在探臂上，便可就位施焊了。

"螺旋杆微调器"在滚动调速转胎轮，有可能产生使被焊筒管接缝螺旋位移，电弧跟踪产生偏差时使用；如果滚动转胎上在被焊筒管，管壁一端加一限位转动轮装置，也可不用再作调节，可以自动跟踪了。如果是这样作，对于上文所述"小探杆"可以改装在探臂位置，依此法简单改装对于管径为 $\phi 426$ 的甚至于是 $\phi 377$ 的管对接接头，管长不大于 $2m$ 的接管内环焊缝照样能采用

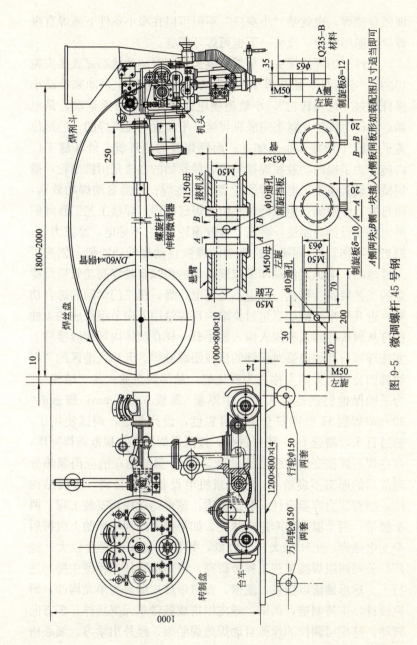

图 9-5 微调螺杆 45 号钢

埋弧自动焊；也就是"小探杆"不但可以在窄小条件下施焊直纵焊缝，船形焊缝，改装一下也可焊环焊缝。

　　工件上的焊接接头，与焊接电弧是相对运动状态完成接头施焊的。"小探杆"装在焊车上，焊车在它的轨道上运动来推动小探杆通过"尼龙转轮"，小轨道使电弧与焊车作等速运动。是电弧运动而工件静止状态完成纵焊缝，平位置对接施焊的；船形位置平焊缝 T 形接头也是如此；而环焊缝的内环缝，外环缝工厂内施焊为了提高功效和焊接质量，最原始的办法是用铁滚轮，撬棍撬转动管筒手工电弧焊平位置转动施焊；埋弧自动焊功效高，质量好，外观美，但只能对平位置焊缝施焊；焊接工艺工程师们努力后便设计，制造，调试了橡胶滚轮(因它不导电，摩擦力好，稳当，不伤管壁)调速电机驱动的埋弧自动焊转动胎架，创造了工件转动，电弧定位局部平位置施焊的埋弧自动焊高功效质量稳定的工艺装备，器具，这岂不是将电，焊，机三门学问的综合功效。近几年来，锅炉汽包封头端内环焊缝用万向节组拼成的柔性探杆从封头椭圆入孔探入像人的手臂一样在筒体内环焊缝接缝上实施埋弧自动焊电弧对接缝的机械跟踪施焊。天津大港区的"石油部四公司"天津人称之为四化建，是部属企业；其"结构厂"为了确保他们制造的大型，中厚板(翼板 $\delta=60\mathrm{mm}$；腹板 $\delta=30\mathrm{mm}$)焊制 H 型钢安全使用可靠性，设计制造，调试使用了：长过百米，高近 4m，用以进行，按既定焊接工艺规范施焊完毕，存在焊后焊接变形的强度型低合金钢 H 型结构；消应消氢热处理前后的形态不良矫整；在北京机电设备安装公司，金属结构厂，拥有压力容器设计、制造资质；球形储罐现场安装工程，两个极带、两个温带和赤道带球皮，如果都采用现场形胎上组拼后手工电弧焊，工作量大，功效低，焊接质量保证难度较大；经厂、公司两级焊接工艺工程师研究，由焊接责任工程师主持，进行了、球形储罐以极带、温带、赤道带球皮组拼为单元构件，研究设计，主持制造，调试，球皮组拼成各带单元焊接件，多方向转动，速度可调控的埋弧自动焊施焊胎架；经外出学习，细心研究，设计，制造、调试成功，并实施了各带球皮组拼单元的可调控转动状态埋弧自动焊；功效提高了，现场球内外手工电弧焊工作量减少了很多；焊接质量高而稳定；这些都是具有一定焊接专业知识水平，相当实践经验，甚至是实际操作经验，能力的焊接工艺工程师们以高度的责任心，精心，细心，用心的创造性劳动的成果！在他们介绍这一套工装机具的能力，效率和使用可靠性时，他们心中的功成业就的自得感已在言表，看看他们努力的成果令人舒心，羡慕。

天津市电力建设工程公司，是天津电力建设工程施工的劲旅，当工作上遇到困难，难题总是到电建几个老师那里寻求解决办法；一次是焊接 $\delta=12mm$，电解铜板、管，制造的"换热器"，普通陶瓷氩弧焊炬嘴经不起 400A 电流施焊，用不住，$\phi5$ 的钨棒用光了；求援于电建；困难解决了；又得到意外的收获：我看到的现场在进行氩弧焊施焊电厂锅炉管施焊，可找不到在现场的氩弧焊焊接电源(都称之为氩弧焊机)；焊工告诉我：他们用的是，陈工(天津电力建设工程公司总工程师，我崇敬的老师之一 陈群 老师)用两台"旋转直流"电焊机改装的；陈总忙完了现场施的一些工作，来了，我向老师讨教了一些问题，老师首先教我："$\phi5$ 的钨棒给你了，但不能再用陶瓷氩弧焊炬嘴了；如果照原样使用，陶瓷嘴仍要浪费很多，钨棒烧损仍然很快；电解铜(紫铜材料中的优者)'换热器'制造的焊接工作量又不少，怕是近期完成制造不太可能了。""那怎么办？""你用的氩弧焊机是哪厂出的？""上海劳动电焊机厂。""那好了，那个厂出的氩弧焊机带一个，'紫铜水冷嘴'用于 300A 以上的大电流施焊；因为陶瓷嘴在大电流使用时易坏；可用上水冷铜嘴时你会发现电弧热更高，更好用了；因为燃烧着的'氩弧'又被水冷嘴的冷作了一次冷却效应使电弧缩径，电流密度大了，热量更集中了；这样水冷嘴只要注意保护好一般不会损坏，主要是注意停焊时，凸出的钨棒，水冷嘴，工件三者不得造成'短路'，只要一造成'短接'在非焊接状态下，三者都会造成损伤。"

谈及改造后的氩弧焊电源；老师不以为然地说道："目前'旋转直流焊接发电机'已因不太'节能'而生产厂家不再生产。原有的老残的旋转直流焊接发电机，也因零部件购置不到而维修困难，都扔掉又可惜。再说，买专用氩弧焊机若干台件资金不好整啊，这不，又接了这个'军电改造'工程（天津军粮城发电厂增加发电机组工程）就想了个'借尸变魂'的招，将这些不能再用的'旋转直流焊接发电机'，拆，拼，改造成串接升高空载电压，不再加'高频引弧器'的直流氩弧焊机组；费了一些劲，开始时采用二次线串接根本不行，最后是，两台机从一次线项位选择，到焊机内部控制线路调整，再作二次线串联，总算成了；现在已用于施工焊接，也给焊工们订了安全操作规程；因为使用电流不大，又是两台直流发电机供电焊接，焊接电弧和焊接质量都还稳定；让这些原本老残的设备，干几个工程，增添些资金，现场都换成专用氩弧焊机，它们就该寿终正寝了。"科学技术是生产力，陈老师为之身体力行。

第10章 过程控制、焊接检验及相关标准规定

ISO 9001：1994 年版中阐述了"特殊过程"的概念："当过程的结果不能通过其后的产品检验和试验完全验证时，如加工缺陷仅在使用后才暴露出来，这些过程应由具备资格的操作者完成/或要求进行连续的过程参数监视和控制以确保满足规定要求。"ISO 9001，2000 年版对其描述为："这包括仅在产品使用或服务之后问题才显现的过程。"

我们讨论的是强度型低合金钢更准确地说是低合金高强度结构钢和桥梁用结构钢的焊接施工；而此类钢的焊接性能中确有氢敏感，其普遍现象为冷裂纹敏感特点，焊后熔敷金属中的扩散氢富集又是产生"延迟裂纹"的根源之一；"延迟裂纹"是不能用无损检测手段检出的，它又有延迟过程，这岂不是"当过程的结果"可视为焊接过程的结果—焊缝；"不能通过其后的产品检验"可以说是焊缝外观检查合格后委托 24h 后进行射线或超声波探伤检查；产品检验和试验；而无损检测施工只能检查的是焊缝或者说是焊接接头的静态质量；焊缝，或说是焊接接头，使用状态的质量变化是无法实施预先检测的；那么低合金高强度结构钢，桥梁用结构钢焊接过程岂不是个典型的"特殊过程"！因为低合金高强度结构钢，桥梁用结构钢材料，焊接性能中存在"延迟裂纹"产生可能性，一些压力容器，焊制钢结构的灾难性事故就是结构中的焊接接头延迟裂纹引发的。被焊金属（母材）淬硬性较高；焊接接头处内应力较高（一般在拘束应力下焊接时焊接接头处内应力较高）；焊缝熔敷金属中扩散氢的存在，三者相互作用便孕育了延迟裂纹的产生。

一般大中型金属结构，钢桥制造安装企业均通过了 ISO 9000 系列认证；本企业均有，拥有资格的"内审员"或"外审员"；

这里只就与焊接施工相关的"过程能力预先鉴定"（确认）的对象：4MIE中的"人""法"部分及"过程参数的连续监控"（再确认）部分作些提示和说明：

焊接低合金高强度结构钢，桥梁用结构钢中厚板对接焊缝，T型对接接头施焊的焊接接头使用性能保证，应视为"特殊过程"，应由具备资格的操作者完成。因是"特殊过程"尚需对操作者进行"工法"培训：如采用手工电弧焊，应按本书第8章，"桥梁用结构钢，强度型低合金钢手工电弧焊"所述：从最初级，简单的"引弧"操作开始，引弧要怎样防止裂纹，防止产生接头气孔，不准在坡口外引弧防止"火口裂纹"；换焊条时先在引弧板上化掉5～10mm，再在坡口内引弧施焊的相关机理培训；预热工艺方法及预热温度测量方法，部位；消除焊接残余应力的尖顶锤锤击法的尖锤震击最佳时机，击打力度，密度，方法，范围，均要作相关培训；如采用埋弧自动焊其培训范围，内容除焊接层次少些外与手工电弧焊基本相同；培训教员应是焊接工艺负责人；焊工经培训，考核后方可上岗操作，而后的工艺纪律考核，连续监控记录应作到责任到人且应有追溯性，人员培训和过程管理必须到位。

桥梁用结构钢，低合金高强度结构钢，钢板，型材，对接接头（含T型对接）施焊，在焊接过程中，消应，消氢法（消除焊接残余应力，消除熔敷金属扩散氢含量）工艺施焊。在实施焊接操作前，必须进行深入，细致，透彻的进行工艺技术交底。

焊接过程中消除焊接残余应力，消除熔敷金属扩散氢含量工艺方法的实施效果与企业管理水平息息相关：企业管理中的材料管理，尤其是焊接材料二级库管理；设备管理，特别是焊接设备的静特性，动特性监控管理，焊接工装机具性能，完好率管理；工艺纪律，工作质量，产品质量管理及相应的规章，制度，岗位责任都必须科学，严格到位，且应有严格的过程考核。

在焊接施工过程中，焊接工艺技术人员，焊接质量管理人员，应对影响焊接质量的4MIE，即人、机、料、法、环，五个方面因素进行连续控制。所谓连续监控，即是不断地监控这五个方面因素是否正常，是否发生了变化。如果任何一方面发生变化，则责任者应对其实施再确认，以判定其变化是否仍然符合要求，实施焊接过程的连续监控的目的就是确保影响焊接质量的诸因素始终处于控制之中，从而确保焊接接头使用质量的符合要求。

确保焊制钢桥结构的焊接接头使用质量安全可靠性，便是确保钢桥结构的安全使用可靠性，因为钢桥结构的基础质量，是其焊接接头的使用质量和焊接缺陷。要确保焊接接头的使用质量，就必须除保证焊接接头的静态质量之外亦保证其使用过程中焊道质量不产生变化；裂纹脆断的产生可能性趋于零，重视"特殊过程"监控。

特殊过程监控在某种意义上说：可以认为是已经优化了的某种焊接工艺技术的焊接施工全过程：从被焊材料的焊接性能分析确认，焊接材料的焊材Ⅱ级库管理控制，焊工资质的选择，工艺方法操作规范的培训，焊接设备动静特性测试与调整，工艺装备的准备及相关的管理准备等。准备，审查，调整后便实施焊接了；开始焊接总是对工艺试件和产品试板施焊；焊接成功是必然的，因为准备工作充分，焊接成功，便是成果检验的开始：常规焊接检验是从焊缝外观开始的。外观检查合格后便是委托（或曰通知）进行焊后 24～48h 后才可进行的"无损探伤"，一般进行射线探伤检查；焊缝外观质量检验，无损探伤包括 RT：射线探伤检查焊缝内部缺陷检查，可以确认缺陷性质，数量，但对缺陷深度定位困难；如配以超声波探伤便可较精确地测深有利于返修所存在的缺陷；UT：超声波探伤检查焊缝内部质量，可检出缺陷的长度范围和存在深度，但不能对缺陷定性；MT：磁粉探伤适用于淬硬性较强，高强度钢材的焊缝表面，近表面裂纹的检测，且是焊接全过程检测；从坡口加工后开始检查坡口面有否开口型裂纹缺陷，而后是每焊一层焊道磨平检查一次，然后作相关处理，还适用于加工后，一般是粗加工后的铸，锻件检测有否表面、近表面缺陷；但对非磁性材料，焊缝无效如18-8型不锈钢焊缝，材料；铜、铝等有色金属焊缝，工件，用渗透探伤检测；PT：渗透探伤适用于金属焊缝，加工后工件表面开口形缺陷检测，直观鲜明地显现供处理。但是，包括"涡流检测"在内的无损检测方法所检测的都是焊缝，工件的静态质量，而焊接接头及其所存在的焊制钢结构在使用过程中的质量变化是无法实施预先检测的；因此前文简述了"特殊过程"监控部分内容；而特殊过程运作的工作质量及其结果也是必须经过检验的；检验的结果便可纳入"焊接工艺文件"部分即是：该种材料，焊接工艺，技术手段等组成的"焊接工艺规范"。焊接工艺规范中包含焊接工艺评定，焊接工艺评定是其基础文件；因为"焊接过程中消应，消氢法"焊接工艺，其检验内容应提出"消应消氢"的过程，方法，控制，及所焊焊缝使用性能保证结果，"消应"的结果应是焊接接头的焊接残余应力测定；"消氢"的结果应是焊接接头"定氢"测试；因是在焊接过程中应用的工艺技术措施，并无焊接接头热处理规范引入；还应作微观金相测定及观察、分析、评定。

焊接检验应由焊接检验工程师担任，负责；属焊接责任工程师主持工作的"焊接系统"辖域；不属于"质量系统"，但与质量系统的质量员配合工作，各有侧重；焊接检验员的职责是：施工过程中检查焊工执引焊接工艺的工艺纪律情况，并协助施工人员执行焊接工艺；在检查执行工艺纪律的同时，从坡口加工开始到焊接全过程，焊接接缝质量检查，并分析焊接系统所下达的焊接工艺及工艺技术措施的可行性，正确性；并及时纠正工艺缺陷，保证施焊质量。这些工作，一般质量工程师是不易做到的，这也需要具有一定专业知识水平和相当实践经验和能力的焊接工艺技术工程师来担任。

焊缝质量检验由质量检验工程师在工艺系统的焊接检验工程师与其相商相携下进行，由质量检验工程师主持工作；重要的焊接过程控制岗位就在施工现场，车间，不得疏漏大意；这和我国中医的"治未病"概念是相通的；待焊接接头已存在缺陷，就是已有病，或说是有毛病了，岂不是晚点了。一般地讲，焊缝如存在较多的外观缺陷，大多是焊工不能准确认真的执行施焊工艺，或操作技艺拙劣的原因；外观缺陷都不能消除，内部缺陷也不会少，纠正办法只有：①培训；②换操作技能较好的焊工施焊；否则不能保证焊接接头使用安全可靠性。

焊缝外观检查，合格后，按程序应由质量部门向具有国家技术监督总局认证资质的独立法人，无损检测单位，委托探伤检测施工；目前有的大型钢桥制造，安装单位存在这样的现象：一个探伤部门，即是对外独立法人单位又是本公司的"探伤室"。因此，探伤施工委托合同书在这里是探伤通知书；按程序文件的"合同评审"不存在了，"返修通知"在这里"告诉"一声就可以了；或者是"记号笔划上了"等；施工车间制造施工档案里没有"返修记录"，可在射线探伤报告中却有射线底片编号为：×××R_1的返修复拍片；制造厂内探伤工作均执行 TB 10212 标准，其第 6 条：主要杆件受拉横向对接焊缝应按接头数量的 10%（不少于一个焊接接头）进行射线探伤。探伤范围为焊缝两端各 250～300mm。焊缝长度大于 1200mm 时，中部加探 250～300mm；第 9 条：用射线和超声波两种方法检验的焊缝，必须达到各自的质量要求，该焊缝方可认为合格。

该厂在执行铁标时很严谨，当焊缝长度大于 1200mm 时，首先对焊缝进行 100%超声波探伤检查，如焊缝两端存在超标缺陷时随即用碳弧气刨，铲除缺陷进行返修，返修后复探。合格后进行射线探伤；结果合格，符合铁标第 9 条规定认为合格；焊缝中部加探亦是如此。其余 90%的接头数量便不必如此了。

了解了这些情况，现象，加上目前参与监理工作的工程是架钢管混凝土拱桥建造工程；交通部四川，重庆所，许，黄二位老师编撰的《钢管混凝拱桥施工技术规范》——征求意见稿（2002年）我曾拜读过，曾于 2008 年初向二位老师咨询：言 2005 年报审稿呈交通部，尚未批复。钢管混凝土拱桥，圆筒形结构，焊接施工难度较大；目前交通部系统自己的焊工考试规则尚未下达；参与此桥监理工作确有些忐忑；因此又查阅了 JGJ 041—2000，GB 50025 标准中有关焊接检验的规定：JGJ 041—2000 标准单行本第 222 页，6，对接焊缝除应用超声波探伤外，尚须用射线抽探其数量的 10%（并不得少于一个接头）。探伤范围为焊缝两端各 250～300mm，焊缝长度大于 1200mm 时，中部加探 250～300mm。当发现裂纹或较多其他缺陷时，应扩大该条焊缝探伤范围，必要时可延长至全长。进行射线探伤的焊缝，当发现超标缺陷时应加倍检验。

用射线和超声波两种方法检验的焊缝，必须达到各自的质量要求，该焊缝方可认为合格。焊缝的射线探伤应符合现行国家标准《钢熔化焊对接接头照相和质量分级》GB 3323 的规定，射线照相等级为 B 级，焊缝内部质量为 II 级。

《公路桥涵施工技术规范》JGJ 041—2000 的 17. 钢桥中，17.6.2 焊缝检验的 6 款，规定文字，如上所录，有些费解之处：6. 对接焊缝除用超声波探伤之外，尚须用射线抽探其数量的 10%（并不得少于一个接头……当发现裂纹或较多其他缺陷时……必要时可延长至全长。进行射线探伤的焊缝……应加倍检验。

首先，"除超声波探伤之外"，以后的文字一直到"延长至全长"可以理解为均是对射线探伤的要求及说明；与超声波探伤行为无关；因为目前我国虽已有些实力较强的部委属大型企业，开始用目前国际上较先进的"超声波成像技术"，可以对焊缝内部存在的缺陷"定性"，"定量"，"定位"，但是，目前国家技术监督总局检测中心尚未颁发相应技术标准、规范及结果评定标准；目前使用的超声波探伤设备中的"数字仪""模拟仪"均不能对缺陷作出"定性"，只能对缺陷定量。所以认为是对射线探伤而言；而此段后又有"进行射线探伤的焊缝，当发现超标缺陷时应加倍检验。"那么前段文字又不像是在说射线探伤事宜，且又没讲怎样的超标缺陷；如何加倍；再有："尚须用射线抽探其数量的 10%（并不少于一个接头）；数量为谁？一般金属结构射线探伤抽测比例是按每条焊缝长度计算拍片量的，而且应按每张射线底片"有效评定长度"计量；因为通过对一条焊缝的缺陷性质（即哪种缺陷？是气孔，还是层间未熔，还是焊根未透？）分析和出现几率，位置考核可以追溯焊接工艺的正确性和焊工技能的优劣；以利采取管理对策。如果按该标准，此部分对焊缝探伤的要求及"（并不少于一个接头）"等语句分析：类似于 TB 10212，只少了'接头'二字，也是按接头数量考核，10 道焊缝查一道焊缝；也少了"杆件"概念。铁路钢桥在早些年代大都是桁架结构，型材杆件，铆接、栓接接头，再后来有铆、栓、焊结合接头；焊缝本就不多，故有"不少于一个焊接接头"之规定，近几年来全焊接钢桥，公路桥梁，市政钢桥发展迅猛，全焊接结构形态多样，新颖又易于自动化生产；桥梁用结构钢中厚板的应用；在结构制造，安装的焊接工程中，焊接检验手段的无损检测施工检查的是焊接接头的静态质量优劣；文中已讲了几次了；焊接接头在使用过程中的质量变化是无法实施预先检查的；如果焊接接头（焊缝）中静态质量因漏检而不能确保其优质的情况下，其使用质量安全可靠性何以确保？

又学习了 GB 50205 标准，单行本第十四页，其上半页有：当超声波探伤不能准确对焊缝缺作出准确判定时采用射线探伤检查；而下半页的表中明确列出：焊缝质量等级为一级的焊缝须进行 100%长度的超声波探伤检查评定同时还应进行 100%长度的射线探伤检查；监理工作中此事常与施焊单位经一番努力方可执行表列规定执行。再加上前文已提过的《建筑钢结构焊接技术规程》JGJ 81—2002 中 P101，6.5，6.5.2 款：焊后热处理应符合现行国家标准《碳钢、低合金钢焊接构件焊后热处理方法》JB/T 6046 的规定……经查寻 GB/T 6046 标准不是《碳钢，低合金钢焊接构件焊后热处理方法》为标题；而是：《指针式石英钟》为标题；真可谓，风马牛不相及也。综上所述，焊制钢结构（含钢桥结构）的基础质量是其焊接接头的使用质量和焊接缺陷。钢制焊接结构（全焊接钢桥结构）是由母材（主体材料）和焊接接头组成的，焊接接头的使用质量，使用安全可靠性，从根本上决定了焊制钢结构的质量；而焊接缺陷则因其性质、数量，产生原因和存在部位，均在不同程度上削弱了焊接接头（熔敷金属）的使用性能，也同时削弱了降低了焊制钢结构（全焊接钢桥）的使用性能；通过两个检验行为：焊接检验员的焊接工艺纪律和焊接工艺操作检验和工艺能力检查；再有质量系统质量员，焊接工艺过程监督控制，检验，可得到消除或减少焊接缺陷提高焊缝静态质量的效果；如果企业实施，认真实施焊接施工"特殊过程"管理；追上已进行"焊接工艺评定"为基础，进入"焊接工艺规范"水平的企业的工艺技术，工艺技术实施的过程和焊接工艺技术进步；钢桥结构，建筑钢结构的使用安全可靠性确保才会有效果，才会使企业的技术管理，技术能力有社会效益、品牌效应。焊接检验是一个复杂的系统工程。

第 11 章 焊接返修及提高焊接接头综合力学性能的方法

焊制钢结构制造安装，在锅炉、压力容器制造行业，化工建设安装行业，在管道，燃气管道行业，在电力建设，冶金建设，建筑钢结构，钢桥结构制造安装行业，轻金属结构制造安装行业中，焊缝返修次数一直是热门话题。这里有三个问题：一是返修次数对焊接接头，或压力容器，焊制钢结构，管道……的质量影响如何？二是为什么要规定返修次数？三是大部分企业在"质量手册""程序文件""管理制度""工艺规程""岗位责任"诸管理文件中关于焊缝同一部位超二次返修事宜总会写上一条：超二次返修方案要企业总工程师或"质保工程师"批准方可实施；那么总工，或质量保证工程师批复的返修工艺方案实施后就有使焊缝合格的把握了吗？为什么？

为了解以上问题，争论，理论，说法颇多；现引进 JB/T 4709 标准释义中所录：原石油工业部，施工技术研究所，就从施工实际出发，进行返修次数对焊接接头性能影响试验；因为返修次数对焊接质量的影响，实际上是对焊接接头（除焊缝外）的影响，晶粒粗大区原来就是热影区中冲击韧性薄弱区，几经返修后该处韧性变化则是说明返修次数对焊接接头性能影响的最好例证，故原石油部施工技术研究所同时进行了焊接热模拟试验和接头焊缝实际返修试验以作对比，焊接热模拟试验能准确地使试样加热到所要求的温度峰值并可以多次循环，在试样整个截面上出现所要求的组织。

试验是用厚度为 16mm 的 16MnR 钢板，热循环加热温度峰值 1320℃，试验条件如下：

(1) A 组——焊后未经返修（模拟一次焊接热循环）；

(2) B组——焊后二次返修(模拟五次焊接热循环)；

(3) C组——焊后三次返修(模拟七次焊接热循环)；

(4) D组——焊后四次返修(模拟九次焊接热循环)；

(5) E组——焊后六次返修(模拟十三次焊接热循环)；

(6) H组——焊后三次返修，然后经(625±25)℃1h焊后热处理；

(7) F组——母材供货状态。

以上7组试样所进行试验结果如下：

1) 经二次至六次返修后其组织结构和形态基本一致，有效晶粒稍有粗化。

A组——5级晶粒度；B组——5级晶粒度；C组——5～4级晶粒度；D组——4级晶粒度；E组——4级晶粒度。

2) 各组试样比V型缺口冲击韧性试验结果见表11-1。从表11-1可见，经多次返修后粗晶区的冲击韧性略有下降。

试　验　结　果　　　　　　　表11-1

试验温度	返修次数	母材 (F)	未经返修 (A)	返修二次 (B)	返修三次 (C)	返修四次 (D)	返修六次 (E)	返修三次后回火处理 (H)
冲击韧性, kgf·m/cm²	20℃	6.6 6.5 6.2 (6.43)	4.4 4.7 4.0 (4.37)	4.8 3.7 4.0 (4.17)	3.9 5.3 3.8 (4.50)	3.6 4.3 4.1 (4.00)	4.3 3.6 3.9 (3.93)	4.9 5.6 5.6 (5.37)
	0℃	4.6 5.3 5.0 (4.97)	3.4 3.2 3.3 (3.30)	3.3 3.0 2.7 (3.00)	2.8 3.0 3.1 (2.97)	2.9 2.8 3.8 (3.17)	3.0 2.6 3.5 (3.03)	4.0 3.6 4.4 4.00
	−20℃	3.0 3.1 3.3 (3.13)	2.0 2.2 2.4 (2.20)	1.9 2.1 2.3 (2.10)	2.5 2.5 1.8 (2.27)	2.0 1.9 2.0 (1.97)	2.1 2.3 2.0 (2.13)	1.8 1.4 1.3 (1.50)
	−40℃	1.9 2.1 2.1 (2.03)	1.6 1.8 1.5 (1.63)	1.5 1.6 1.1 (1.40)	1.6 1.5 1.8 (1.63)	1.5 1.0 1.3 (1.27)	1.1 1.4 1.0 (1.19)	0.8 1.1 0.8 (0.90)

续表

试验温度	返修次数	母材 (F)	未经返修 (A)	返修二次 (B)	返修三次 (C)	返修四次 (D)	返修六次 (E)	返修三次后回火处理 (H)
冲击韧性, kgf·m/cm²	-60℃	0.5 0.5 0.8 (0.60)	1.0 1.0 0.9 (0.97)	0.9 0.9 1.0 (0.93)	0.7 1.1 1.0 (0.93)	1.1 1.4 1.0 (1.17)	1.0 1.0 1.0 (1.00)	0.5 0.5 0.5 0.50
脆性转变温度,℃	Tr3.5	-16	4	6	2	8	8	-6
	Tr2.6	-30	-14	-12	-14	-8	-10	-12
	Tr5	-24	-16	-6	-12	-2	-6	-17

注：1. 括号内数值为 3 个试样平均冲击韧性值。

2. Tr3.5——以 3.5kgf·m/cm² 为韧性临界值；Tr2.6——以 2.6kgf·m/cm² 为韧性临界值；Tr5——以 50%韧性断口作为韧性临界值。

3) 返修次数与维氏硬度值如图 11-1 所示，从图可见，随着返修次数的增加硬度略有下降。

4) 从表 11-1 还可以看出，随着返修次数的增加，脆性转变温度略有上升，但幅度很小，在 10℃以内。

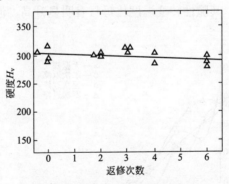

图 11-1 返修次数与硬度关系图

上述返修后性能略有不利影响，在经消除应力热处理后基本上都能恢复到未经返修状态。（注：此表为 JB/T 4709 标准释原表试验时间在 20 世纪 70 年代，故计量单位为当时状态）

同时，还进行了实际返修试验，利用 30mm 厚的 16MnR 钢板，开不对称 X 形坡口，每次返修都以焊缝的同一侧为基准，力求使每次返修焊缝的熔合区重合，共进行了二次，三次，四次返修试验，在试验过程中将试板固定在夹具上，模拟实际产品的拘束状态。

试验结果如下：

(1) 熔合区和粗晶区的金相组织。在焊缝表面层的熔合区和粗晶区中，主要是贝氏体和少量铁素体，在熔合区中贝氏体主要以粒状贝氏体出现，其臭氏体晶粒度，无返修试样为 4 级，二，三，四次返修试样皆为 3～4 级，可以看出四次返修内奥氏体晶粒度没有明显变化。而在焊缝表面层以下熔合区和粗晶区中基本上都是回火贝氏体和回火索氏体以及少量的块状铁素体。

(2) 焊接接头的拉伸强度和伸长率基本上与返修次数无关。四次以内的返修的弯曲试样全部弯曲到 $180°(D=3a)$，证明返修次数对焊接接头的塑性没有明显影响。

(3) 多次返修热影响区冲击韧性见图 11-2 可见在热影响区范围内(0～8mm)，四次返修以内，返修次数对热影响区韧性分布影响不大。其脆性转变温度比母材有明显升高、但仍在规定范围内。

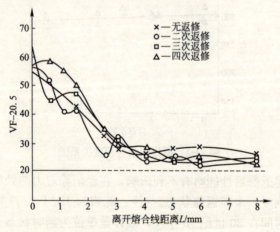

图 11-2 多次返修热影响区－20℃冲击韧性变化曲线

在四次返修次数内熔合线处冲击功与返修次数的关系规律性不强，这是因为试板上每次焊接和碳弧气刨、刨削时的熔合线不可能重合。

总之，对于 16MnR 钢板，在不超过四次返修情况下，接头的强度、塑性和韧性没有造成明显的恶化趋势，返修次数与焊缝及热影响区金属的力学性能之间没有明显的相互关系，从总的变化结果看来都能满足有关规定的要求。

从 16MnR 多次返修结果来看，多次返修焊缝不会影响焊缝质量，即使多次返修后焊接热影响区脆性转变温度提高，接头附近残余应力增加，通过焊后热处理也都能恢复。有人以为在焊缝同一部位多次返修多次加热会使晶粒粗大，这是一个错误主观想法。在同一部位连续不停加热才有可能使晶粒粗大，多次返修则是从焊接完成→检验完毕→制定方案再次返修复杂过程，再次加热（碳弧气刨和焊接）都是从室温开始，如何使晶粒粗大？

对于热轧，正火的低合金钢，低碳调质低合金钢而言，热影响区中的粗晶区是焊接接头的最薄弱区，该区韧性低，对冷裂纹敏感，（即氢敏感）但粗晶区很窄，很窄，尺寸很小，模拟返修过程使每次碳弧气刨和焊接时所产生粗晶区都重合是非常难以作到的，何况在现场返修的大生产环境中呢？返修时往往将前一次粗晶区统统去除，更用不着担心粗晶区重叠了。

多次返修后对热影响区的多次回火作用有利于改善力学性能。

从标准上限制返修次数不是从技术角度出发的，而是从管理角度出发。返修二次仍不合格，那就说明，这位焊工（或这个小组，工段）连续三次都不能焊好，得采取管理措施：更换焊工，重新制定焊接工艺、奖惩手段，通过质保体系反馈等等，这都要通过技术负责人（总工程师或质保工程师）采取组织手段的。再喊一声：请重视工艺技术教育、重视特殊过程钢桥焊接施工管理。

经无损检测，焊缝内部确认存在超标缺陷，必须返修；钢桥制造，安装施工相关标准中规定：焊缝内部存在超标缺陷时，施焊单位焊接技术人员，须在实施返修施工前，将返修施焊的工艺方案报请监理工程师审批；在1982年至1986年间，锅炉压力容器制造企业，化工建设，电力建设企业的"质量保证工程师"（即该单位的技术负责人）较着意的事，也就是该企业的"焊接责任工程师"（即焊接系统负责人）着重为之努力的工作：便是本企业完成的，拥有的各种"焊接接头焊接工艺评定"项目的"焊缝返修工艺评定"；焊缝返修工艺评定的基础仍然是被焊钢材的焊接性能；另外在编制某一项焊接接头已评定合格的焊接工艺所焊焊缝的焊缝返修工艺指导书之前，应对本企业曾应用该项焊接工艺生产，施焊过的所有产品制造，安装过程的档案，资料通查一遍，包括焊工施焊记录；焊接工艺检查记录；探伤存档报告；所用设备编号及完好情况；焊接材料的烘干记录；气候情况，现场工装完好情况等；其目的是考核该工艺实施过程有否焊接质量"通病"和工艺自身缺陷；从而分析，列出可能出现的缺陷并寻求解决办法，和编制返修工艺指导书；焊缝返修施焊工艺指导书的编制和实施的难度，和能力水平要求都很高，前文中原石油部施工技术研究所，进行实际返修试验过程中将试板固定在夹具上模拟实际产品的拘束状态，已难能可贵了；而我们是产品制造，安装施工企业，如果搞一课题研究，从知识能力，范围；设备，仪器，仪表等与科技研究单位相去甚远；研究所中研究员，工程师们模拟实际焊缝返修条件得出了比生产实际更高，更集中，更典型的研究成果，我们必须学习，借鉴；因此我们的焊缝返修工艺指导书的编制第一项，定为模拟车间，现场施焊实际焊接条件产生焊缝内部缺陷的含缺陷试板；用以证明对生产过程中的施焊焊缝中产生某种缺陷原因分析的正确性和将来焊接返修工艺措施的必要性；还可以用来进行对焊工作操作实例教育；但是焊出这样的一批"试板"不是件易事；事有凑巧，天津市锅炉压力容器检验所主持工作的天津市无损检测培训考核委员会的马殿忠老师需要，Ⅱ级射线探伤人员和超声波探伤人员实际考核用的焊接试板，而且是焊接缺陷定性，定量，定位等均有图标焊制任务书；这岂不是一举两得的事！于是开始组织研究，定位，定性，定量焊接缺陷"埋藏"在试板内的特殊焊接试板试焊施工；材料：16MnR，20g，20R，16Mn，1Cr18Ni9Ti等；板厚：8～40mm；接头型式：对接接头，T形对接接头；均为全焊速结构焊缝；内部缺陷：A手工电弧焊；a层间未熔合；从图11-3可以看出：$\delta=16mm$，16MnR材料板（强度型低合金钢），V形坡口，水平位置施焊，产生多层焊时的"层间未熔合"缺陷的过程：根焊层，采用无钝边，3～4mm间隙，$\phi3.2$，J507焊条（烘干）连弧短弧施焊，"熔孔"$\phi\leqslant3.5mm$精神集中控制熔孔熔池状态操作，结果良好；施工焊接此类焊缝一般焊缝长度不长，焊工常采取，焊前简单预热（因为过多温度高些时坡口间隙会变小，不易熔透）将层间焊道接头部位错开30～50mm，分段施焊，一般每段长不大于400mm；根焊层焊一段后，为防止气孔产生立即清渣乘热施焊该段填充焊道；当焊第三层时，焊工已有疲劳感，从左向右施焊，焊至A点时焊二体位，观察位，便有些不利，填充施焊速度较快于根焊就产生了第三层焊道偏离焊缝中的情况，第四层填充焊道已经较宽，已需"运条"，如运条在两侧停留时间较短些最易在A点位置产生层间未熔合（伴有夹渣）缺陷。

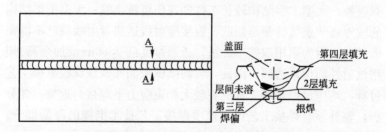

图11-3 A—A放大；层间未熔形成图

焊制"缺陷"试板时：把缺陷"定位""定尺寸"用粉笔标在试板上；焊制标定缺陷试板时，焊工在缺陷标定位置模拟上述产生"层间未熔合"缺陷产生机理故意错误"运条"就可得到所

131

需效果。焊制含标定"缺陷"的试板两块,其一用于"焊缝返修工艺评定"其二作无损检测Ⅱ级人员RT,UT专项实际能力水平考试用。

对于16MnR材料,16mm板材厚度,V形坡口,水平位置,手工电弧焊的多层施焊,焊缝中存在"层间未熔合"缺陷的"焊缝返修焊接工艺评定"过程的焊接工艺指导书,编制依据及内容已基本明确;因为是批量工艺评定,一定会有"通用"部分,于是分别作相关内容记录;层间未熔合缺陷的产生形成过程,尚未发现原焊接工艺评定过程存在技术上的疏漏;证明了应对焊工进行定期考核,培训的重要性。B手工电弧焊$\delta=28mm$,16MnR材料,V形坡口水平位置,多层焊,焊缝中存在"根焊部位裂纹缺陷的"焊缝返修焊接工艺评定"。

经较困难的布入射线底片,拍摄射线底片,评定为间断裂纹;超声波检测,用深度1:1法测定裂纹深度;双手段测定后,分析,决定返修存在裂纹部位的间断组合,分段返修;此种焊接接头只有在结构施焊过程中,单侧施焊而另一侧即无"清根"条件,也无焊接空间的情况下采用此种工艺方法;因此焊缝内部质量探伤检查(如射线片布设和拍照;超声波探测时当接头钢板(母材)较厚时须进行双面双侧检查)存在难度,甚至于不能实施;如双腹板,大型工字结构较长工件的现伤组拼接缝;大型桁架结构的较厚板节点接缝便是如此。腹接缝射线透照时射线机已不能完成透照,因为须用双壁单影法,透照厚度已达60mm(加余高)须用放射性同位素透照;因此,含缺陷试板制作及该试板返修工艺过程,均应模拟现场工件的在较大拘束应力下焊接,返修;并分析,整补原有焊接工艺评定该项焊接工艺技术措施的疏漏部分。经研究用图11-4法刚性固定试板模拟较大拘束度。

$\delta=28mm$;16Mn材料试板下垫$\delta=$[形周垫,使试板离$\delta=$刚性固定板8mm悬空施焊单面熔透焊工艺;将$\delta=28$,$\delta=8$,$\delta=60$板外面只留接缝及近域50mm均焊牢。

焊制含断续裂纹缺陷的焊缝返修试板;采用图11-4刚性固

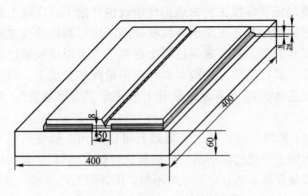

图 11-4 类似"小铁研法"

定,模拟现场(或车间)较大的拘束应力下焊接。如图 11-4 布置:$\delta=28mm$;16MnR(强度型低合金钢)材料;V 形坡口,无钝边,熔透,对接施焊,须使其产生指令标定的裂纹缺陷;经研究:非有能力的高手不能完成;于是组织几名优秀焊工研究操作手法,商定:组拼间隙,用 3.2 焊条芯定尺不大于 3.2mm;焊接电流 90~95A;熔孔小些,不大于 3.5mm 焊速快些;目的是使根焊熔透层焊道薄些;使其在强大的拘束应力下快速冷却横向收缩产生纵向裂纹;第一根焊条开始焊时不应从接缝端头起焊而从端头起向内 70mm 处起焊向端头方向反向施焊,焊到端处时甩弧收尾使其产生弧坑,冷却时从弧坑开裂。终焊根焊后,根焊焊道已经开裂;加大电流至 120A 将不需裂纹存在处(因是要间断裂纹)用较大电流将那部分焊道作间断焊,将存在的裂纹又是较薄的焊缝间断重熔;根焊后的第一层填充焊道,采用摆动焊条快速施焊,焊成较宽较薄的填充焊道后停焊半小时使其整体试板冷却,使已开裂的裂纹向上延伸第一层填充焊道也会开裂;以后的焊道就可以正常焊接了,试板焊制结束。焊缝返修工艺评定试板仍是制造两块,其用途与前述相同。仍是一块用于焊缝返修工艺评定,另一块交无损检测Ⅱ级人员培训考核委员会。

焊缝返修工艺评定的返修工艺指导书编制开始了;对原评

定合格的该项焊接工艺的适用性争议也开始了；实际上制造含裂纹试板的过程；正是消除裂纹缺陷产生可能性的反过程；如果在工程制造，安装施焊过程中避免了产生裂纹缺陷过程再反向应用，其产品使用性能可靠性岂不是浑然天成了。故而缺陷试件制造者们提出了改进原有工艺评定"成果意见"：共两个系列。

（1）如果改进，利用工装器具可以采用Ⅰ形坡口或"窄间隙、大钝边焊接过程中消应，消氢法埋弧自动焊"，这焊缝裂纹缺陷焊缝返修工艺评定"大可不做，因为那工艺技术，填充金属少，母材被熔入焊缝的熔合比高，变形和残余应力的不利因素已在施焊过程中消除殆尽，氢引发的冷裂纹的源头氢也被减少或消除；只要重视焊接工艺过程管理，采用目前"世界各先进工业国家，相继采用了单丝或双丝自动跟踪的窄间隙埋弧自动焊、焊缝返修工艺只有待违规焊接人员使用了。

（2）原中厚板V形坡口，全熔透手工电弧焊焊接工艺评定，仍适用于施工现场安装作业，埋弧自动焊不适用于现场安装高空作业，供电容量稍差的施工现场，尚应采用手工电弧焊，只是其焊接工艺指导书尚须更动一些内容，增加一些技术措施，调整一些操作方法，必要时采用此工艺并确保施焊接头静态质量和使用安全可靠性；以显示企业焊接工程的技术储备。

强度型低合金钢材料，板材厚度 $25mm \leqslant \delta \leqslant 60mm$，对接接头，V形坡口，单面熔透法手工电弧焊焊接工艺评定的焊接工艺指导书，已经评定合格（即正确性验证过程完毕）为防止焊缝产生根焊裂纹和提高焊接接头使用性能可靠性，在向车间，现场，按"程序文件"规定下发"焊接工艺规程"时，依据制造"缺陷试板"过程验证的有效焊接工艺技术措施增补焊接过程相关"技措"条文如下：

1）接缝组拼间隙。当焊接接缝长度不大于1000mm时为起焊端3.2mm；终焊端不大于4mm；当接缝长度大于1000mm时，起焊端仍为3.2mm；焊缝全长以1000mm为分段长度；每段用正规焊接手法施焊60～70mm，根焊焊道控制因焊接加热接头部位热胀而造成的1000mm段间隙变小而影响熔透焊操作；此时每段终端间隙可为4.3～4.5；间隙调整可用角向砂轮磨削。

2) 焊前预热。焊前预热一般应用"远红外板式加热器"加热，温度均匀准确，可控，当然是较佳手段。但是，在现场施工时因：①用电量较大；②高空作业加热器布置稳定性困难；③易影响其他工作面作业，且成本较高。因此可用火焰预热，但应注意：原规定加热温度（预热）为120℃应提高至200～250℃；加热面积按一般规定是坡口和坡口两侧各50～100mm范围内，且是坡口两侧母材上测试温度；应改为对V形坡口两侧坡口面较高温度（红热）加温；原因是火焰加热有不利因素，氧炔焰火焰加热是O_2和C_2H_2燃烧反应过程，而其火焰的"外焰"部分已是燃烧后的产物H_2O水汽和CO_2气在窄小空间预热后水汽的存在即是H_2的存在对强度型低合金钢的焊接冶金反应过程不利；故而将加热温度提高到250℃坡口内面点状隔距50mm；当其降温到200℃时施焊；此时温度水平正是焊接接处强度型低合金钢中的H_2开始"活跃"的时刻，此时温度焊接"消氢"效果好；此时已过降温时刻，焊接接头处空间内的水汽已散去殆尽，因为此处温度较高；此时高温点加热的热传导已有些时间了，焊接接头坡口近域的温度已传导均匀有利焊接了。这样预热后立即施焊有利于提高焊接接头使用性能。

3) 根焊操作。根部熔透焊操作是此项手工电弧焊工艺操作的主要难点；因为是中厚板，强度型低合金钢材料，氢敏感，拘束度较大，这是焊接接本身的难点；因是手工电弧焊工艺，焊工的难点不得不提了，目前大型钢桥制造安装企业大有以半自动CO_2气体保护电弧焊取代使用电焊条施焊的手工电弧焊（严格地讲半自动CO_2气体保护焊亦是手工电弧焊，只是用电焊条施焊叫手工电弧焊是约定俗成的事了）另外交通部系统与技术监督、化工、电力系统不同，没有本系统《焊工考试规则》所以选聘优秀，操作技艺纯熟的电焊条施焊手工电弧焊焊工往往要外聘。

操作技艺并不很难，但必须了解工艺原理，简单地讲就四个字：短、稳、匀、悠，即焊接采用短弧焊就是电弧要短而不断；连弧施焊手法要稳；焊接速度要匀；身体姿态，肩，肘，手要轻松，心态要自然，呼吸就匀悠了，别强（jiang）劲。起焊时，用较长电弧对起焊点加热，待将要熔出熔孔时，压短电弧熔孔便熔透而成，熔孔直径 $\phi3～3.5mm$；此时电流 $85～90A$；$\phi3.2mm$J507焊条（已经按规定烘干）拉月牙形运条加热坡口两侧观察熔池形态和熔孔位置大小，及时运条导引较厚地熔透焊，一般根焊层熔透焊焊缝厚度 $4～6mm$，如再慢些运条易熔穿，此时必须全神贯注因为此种焊法外观检查时，①不允许单侧或双侧未焊透；②不允许背面焊道局部余高大于 $3mm$；否则不合格！·本工艺规程增补一条规定：始焊后每一根 $\phi3.2$，J507 焊条只焊根焊层 $50～55mm$ 停焊立即清渣，并增加焊接电流至 $120A$；余下的半根焊条从起焊处，用较大电流施焊第一层填充焊道，以增加熔透焊焊道厚度和截面尺寸，提高其抗裂性能；（如有条件根焊层施焊应采用 J507RH $\phi3.2$ 焊条此焊条为超低氢，高韧性焊条；当板厚 $\delta>28mm$ 时必须采用 J507RH 焊条，换焊条或停焊接头应错开 $20mm$。焊接一段根焊熔透层，立即清渣，调节增大电流施焊第一层填充焊缝如图 11-5 一样以此类推，回步施焊直至焊完便完成了两道焊缝其截面积在 $0.5～0.7cm^2$ 之间，增大了抗裂纹能力；如使用 J507HR 更好。接头（换焊条或停焊时清渣安轻、快）错开 $20mm$，接头处可用角向砂轮磨出坡头可避免接头处产生操作缺陷。

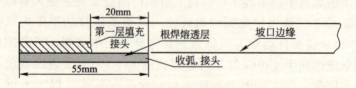

图 11-5 接头，停焊处焊缝起焊处纵剖示意

4)"后热"及焊接过程中"消应""消氢"。JB/T 4709—2000,"7 后热 7.1 对冷裂纹敏感性较大的低合金钢和拘束度较大的焊件应采取后热措施。"其标准释义中释义:"后热就是焊后立即对焊件的全部或局部进行加热或保温,使其缓冷的工艺措施。它不等于焊后热处理,后热有利于焊缝中扩散氢加速逸出,减少焊接残余变形与残余应力,所以后热是防止焊接冷裂纹的有效措施之一。""7.3 后热温度一般为 200~350℃,保温时间与焊缝厚度有关,一般不低于 0.5h。"其释义:"温度达到 200℃以后,氢在钢中大大活跃起来,消氢效果好,后热温度的上限一般不超过马氏体转变终结温度,而定为 350℃。

依据 JB/T 4709 标准,结合本项焊接工艺各种可能出现的焊接条件和现场焊接条件下如产生焊接超标缺陷,返修及返修后的焊后热处理较困难;采用焊接过程中消应消氢法来保证使用过程安全可靠性。因此第一层填充施焊完毕开始,清渣便用尖锤打击麻坑每 $1cm^2$ 不少于 6 点麻坑震击焊缝表面,使冷却收缩应力在震击延展中被抵消;同时进行该两层焊道的"后热"加温和保温;锤击消应,后热保温总计时间按实际加热、测温结果来计时,因为采用较高温度火焰点式加热法还需要导热均温时间,保温后如在车间内则自然空冷,现场施焊则需挡风;全过程必须连续监控确认后方可进行下程序工作;第二层填充焊道,第三层、第四层填充焊道均按此程序:①清渣用一磅尖锤顶锤击,同时达到锤击消应不少于 6 点/cm^2,消应锤击焊缝表面延展冷却收缩应力;②尾随其后的是后热,点状加热至 350℃停止加热使其热均温至 350℃不得高于 350℃,避开马氏体转变终结温度;保温时间 0.5h;保温时仍用点式测温计监控温度,时间满 0.5h,保温措施终结,撤除后仍作点式测温计测温;待焊缝区及近域降温至 200℃时(即规定的预热温度)便开始下一层焊道(填充层或盖面层)焊接;即是按如下程序往复进行直至焊接及相关工艺技术措施终了和程序监控终结:

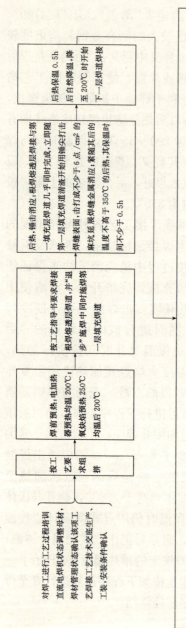

工艺程序说明：

"直流电焊机状态调整"：J507或J507RH焊条应使用直流焊接，采用反接使用（即工件接负极）；使用前应对电焊机的"静特性""动特性"进行调整，以利焊接过程稳定弧定且是弧定正常供电；"母材材管理状态确认"：敖焊材材料称之为母材，应对其化学成分进行复核分析复验，对其力学性能进行试验确认后投入使用，焊接、焊接材料应加重人库前进行复验验验试后焊接确认，方可投入焊接施工。本工艺组拼状态如图11-4拘束状态焊以适用于大型构件拘束状态施焊时的工艺适用性；必要时使用J507RH焊条提高焊缝抗裂性能从而确保使用安全可靠性。

如图11-4拘束法里电弧自动焊的焊接拼接缝，实施手工电弧焊。焊接过程中消启，消氢效施焊工艺，适用于强度型低合金钢中厚板对接接头，焊后不宜或不易实施焊后热处理，施焊又不宜、不易采用此法其自动焊的焊接对接支点。焊接过程中根焊熔透焊层与第一层填充焊的组合焊缝厚度和靭性；从第一层充焊焊道（即是总层次第三层焊道）开始更换 ϕ4mm的J507焊条，随板材厚度增加，焊接层次增加，第4层焊道即总层次第五层次焊道始用 ϕ5mm，J507 焊条，直到工件在施焊始用J507熔透焊渗焊接层次。第三层焊接终结后一层焊道经钢制尖面尖尖尖尖顶尖锤，锤击焊道经钢制尖面尖顶锤，展击点成6点/cm²麻坑，延展焊缝熔敷金属，使其冷却收缩应力在锤击延展中被消除焊接残余应力消应，从总焊层次第一层焊道，最后施焊，最后置前一层焊道，最后置前一层焊道不作锤击振动作锤击。层焊接终结每一层焊接都是从上一层焊道温度下降，保温后温度下降，保温层至焊缝处预热温值为200℃时，视其为下一层焊接的预热温及监控操作，并应作监控记录。

"后热"消氢效果；后热，保温层至焊缝处硬化，只作后，保温后面冷作硬化，以防其表面冷作性硬化。

本程序为强度型低合金钢材料这里指低合金高强度结构钢,桥梁用结构钢材料的中厚板,V形坡口,对接接头,单面熔透施焊,手工电弧焊,焊接过程中消除焊接残余应力,消除熔敷金属扩散氢含量的焊接工艺过程程序。是在"焊接工艺评定"基础上,进一步完成"焊接工艺规范"的工艺程序和监控程序,在完成焊接工艺规范过程中必须严格执行,在"规范"下达后,采用本工艺作产品接头焊接时必须执行工艺纪律,监控,不得"走样"。

本程序是焊接过程工艺程序试板焊接完成后的试验,检验,检测除"焊接工艺评定"应进行的检验项目外,须增加"目的性检侧":①焊接接头处残余应力测定;②焊接接头微观金相观察、分析、评定;③熔敷金属定氢。焊接工艺评定检验检测项目符合规定要求,再有这三项检验检测结果符合相关规定要求,本手工电弧焊焊接工艺及程序列入该项焊接工艺规范。

以上是因要进行"焊缝返修工艺评定"推演了制造含定性,定量的含缺陷试件,而在存在真实缺陷的试件上实施模拟车间,现场实际条件下的返修;又在制造"缺陷"的努力过程中导出了从产生缺陷的机理从而做出了两个系列的工艺改进的实际文件,那再进一步是什么?

以上这一切的过程,都是在研究,学习,试验中进行的,学习是必须的;学习中,翻开 JB/T 4709—2000 标准释义:"世界各先进工业国家相继采用了单丝或双丝自动跟踪的窄间隙埋弧自动焊……"此段文字本文中已有引用;引用时有谁知笔下那苦涩,不平的滋味;因为我们早已如此焊接了,还有:"你们这样干事不符合标准规定的""是违规的"批评在耳畔;此次细阅了释文:此句的上文是:"为了确保焊接质量,避免返修和提高焊接接头的综合力学性能,世界各先进……"弧光闪烁的现在,我们不是在改进焊接工艺,努力避免产生焊接缺陷再去返修吗?走上那弧光缤纷的坦途。

(3) 钢管混凝土拱桥结构,拱弦管对接接头,拱弦管与横斜撑管相贯接头全焊透手工电弧焊:

人乐于事必勤,勤从于事便熟,熟能生巧,头脑对某事物长期逻辑思维过程的高度浓缩便是"直觉";有些情况下,这"直觉"是能解决某一事物的问题的:相贯连接的主拱管与横斜支撑管手工电弧焊全焊透相贯焊缝组拼,施焊避免"未焊透"缺陷工艺方法便是在学习,寻求解决办法中"直觉"的。为了较完善地说明相贯焊缝要求全焊透,必须全焊透,而且不难全焊透的"监理交底"学习了《公路桥涵施工技术规范》JTJ 041—2000及条文说明;及《公路桥涵施工技术规范》"实施手册"及《钢管混凝土拱桥施工技术规范》的2002年3月(征求意见稿);《锅炉压力容器焊工考试规则》等技术标准,书籍。从中得到了知识,"直觉"和解决办法:

《公路桥涵施工技术规范》JTJ 041—2000"条文说明"的第16.5条,钢管混凝土拱的16.5.1.5说明文字"桁架拱主拱管与腹管采用相贯连接时,因无节点板结构,主拱管应力复杂,再加上闭合型焊接,接头区域易于造成粗晶硬化和焊接缺陷,接头韧性常成为控制结构承载的关键,因而在焊接材料的选择和焊接工艺控制上要特别注意,因相贯线的加工精度对连接质量的影响较大……因相贯线及坡口加工精度直接影响其焊缝的熔透深度和内在质量,成为结构承载力的保证……母材材质受反复加热而变化,极易引发焊接裂纹,故对加工方式特别需加以控制"。

《公路桥涵施工技术规范》"实施手册"的16.5条编者在支管相贯线端面切割,坡口加工事宜上着墨很多,且图,文,表并用,又加上了参数计算说明,可知为此事着意之深。而细细从图文上观看所绘制的相贯连接的接头焊缝均是非熔透角焊焊接接头焊缝;支管壁厚 $\delta \leqslant 20mm$ 时,据其说明允许1/4壁厚未熔透,又怎样满足《公路桥涵施工技术规范》条文说明中16.5.1.5所要求"因无节点板结构,主管应力复杂""满足焊接的接头强度原则"要求。显然不能满足,因为焊缝熔透不足,"内在质量"不合格,因为存在未焊透,故而"结构承载力的保证条件"不充分。

"为了确保焊接质量，避免返修和提高焊接接头的综合力学性能"在对相关标准，规则学习后，以为，这里，相贯连接接头的焊接讨论先从焊接准备开始：接头坡口加工精度直接影响其焊缝能否达到全熔透和内在质量避免焊接缺陷要求，心之官则思，如果按"焊工考试规则"中接头型式推演，问题就不复杂了：①焊工考试规则中的"骑座式接头考核项目的全熔透焊接接头"岂不是与主拱管管壁为"板"支管端面为"管"接头的型式相同？只不过是考试项目试件板上开孔而拱管不开孔焊接方法相同又简单容易些罢了。②坡口加工，实际上并不复杂，只需明确加工原理便可：原始状态的管钳工（俗称管工或水暖匠）和板钳工（俗称扳金工，铆工或白铁匠）对相贯连接的主拱管开孔放样（主拱管除特殊情况外不开孔）和支撑横，斜管连接端头相贯线放样切割，其加工精度尚可，难度不大。如今电脑数控仿形火焰切割设备，输入相贯连接程序后，其火焰跟踪偏差仅 0.32mm，精度很高。但是两者对相贯连接接头的切割加工有共同的缺憾，就是其切割截面都垂直于管壁表面，接缝坡口均需二次切割加工。也就是都没有含支管，管壁厚度概念，其结果都是切割完成的相贯线与主管外表面吻合。支管壁厚的影响造成了支管端头相贯线切割面与主拱管与具相贯连接的曲面不吻合及连接角度变化。因此坡口加工便作为重要问题而提出了，亦出现了非全熔透坡口加工设计。

"特种设备"制造安装系统有一条铁的规定：相贯连接的焊接接头的支管相贯端面与主管孔安装焊接接头必须是全熔透焊接结构接缝。若干年来处理支管相贯端面坡口和主管开孔边缘的工艺方法很简单，不复杂，不用计算，很原始，现介绍如下：

1) 主管曲面（或相贯开孔）和支管的展开尺寸均取中径（即取内径加一个壁厚，取外径则减一个壁厚）相贯连接角度，（取两管轴线角度，看相邻处有无障碍部件，留其中无障碍侧样板，安装时以校核角度调整接缝间隙）为参数展开放样。

2) 依样划线，切割孔和支管端部相贯线。此时无支管壁厚概念如前文。

3）支管端头切割的与管表（内表，外表）垂直的相贯线切口管端得到了以中径为参数的两条相贯线：一条管表，一条管内。开外坡口不留钝边起到了两个作用：其一，影响接缝不吻合的管壁厚度去掉了，留下来的是无钝边的管内相贯线，它将与放样位置主管曲面吻合，只是外坡口因弧段位置不同坡口角度随之有大小的改变，得到了相贯线与曲面的吻合；其二，外坡口无钝边对相贯全熔透焊缝施焊有利，便于采用连弧击穿熔孔法施焊。

4）安装组拼相贯接缝时用预留支管角度样板校核，矫正支管角度，用"角向小砂轮"修调坡口、间隙以利施焊与此同时依据组拼后支管定位角度偏差和坡口组拼后现状，由焊接工程师安排起焊位置，焊接走向和顺序，以控制形位尺寸和防止不需要的焊接变形。（聪明的焊接技术人员，焊工是可以利用焊接变形去矫正形位尺寸的。）

相贯线接头支管端面坡口，经按管轴角度为参数，较精确地展开放样，划线切割，得到管内，外表面两个相贯线后，仍以管轴角度为参数切掉外相贯线母材成为不同角度渐变的不留钝边外坡口；此时无纯边管内表相贯线已与主管曲面吻合；安装时再用预留样板矫正相贯连接的主管，支管相对角度，用"角向砂轮"磨修间隙和坡口不规则部位就完成了焊接坡口准备；同时达到了避免相贯连接的焊缝产生"未焊透"缺陷的工艺技术功能，只要焊工充分发挥操作技能就不会产生因坡口准备不足而产生未焊透缺陷了。

5）管管相贯连接施焊一般是全位置施焊和水平位置施焊两种；管，管相贯焊接施工在这里与"锅炉，压力容器焊工考试规则"中的考核件及电力、化工建设工程中的工件焊接不同，因为主管曲面不开孔，所以施焊操作不尽相同；实际上是较容易些，但对于未经严格培训和练习的焊工讲仍是较难掌握的。一般支管壁厚不超过25mm但低合金高强度结构钢，桥梁用结构钢管材，焊接性能中"氢敏感"不容忽视，故应采取相关技术措施以避免因此而产生超标焊接缺陷而须返修；有经验的焊工和焊接工程师都清楚此类材料，采用手工电弧焊，选用J507焊条施焊，起始焊处，换焊条接头处，收尾熄弧弧坑处，存在气孔缺陷是常有的现象，亦应采取相应措施避免因气孔缺陷超标而返修；故而焊接过程应严格执行如下程序规定以避免返修并提高相贯连接的焊接接头的综合力学性能：

① 坡口准备如前文：精确展开放样下料，外坡口使管内表面端头不留钝边的相贯线端面与主管曲面吻合，装配前后均应磨修坡口面及不完全规则的间隙；定位点焊用焊条应与施焊焊缝用焊要状态相同；

② 焊条牌号：J507；根焊层，第一层填充焊道使用 $\phi 3.2$ 芯径余层均用 $\phi 4$ 芯径。350～360℃烘干2.5h；保温1.5h 随用装保温筒携至工位；焊条烘干不得多于两次。焊材Ⅱ级库应设备设施完备，管理，发放应按规章；

③ 焊接电源(俗称电焊机)应为可控硅型直流焊接电源采用"反接法"使用；且其静特性，动特性正常，电弧燃烧稳定；

④ 焊工应是经国家技术监督部门认证的焊接培训考核单位正规培训考试持证焊工按所持证项目上岗操作；持证期应受控；

⑤ 操作工艺：如果上岗焊工是持国家省级技术监督局认证的锅炉压力容器焊工考委会，考核颁发的'焊工合格证'，且其持证项目中含"骑座式管板"合格项目的垂直，水平位置两项，那么对支管与主管相贯连接焊缝进行全熔透结构施焊就不困难了。

骑座式管板接缝垂直位置施焊(其形态是管垂直，孔板水平放置组拼)施焊手法类似平板单面V形坡口横焊缝施焊，如前文：采用斜椭圆形往复运条法焊接，主管相贯线不开孔，是管壁曲面；因此其运条方法与骑座式管板，单V形坡口板对接横位置施焊运条手法相似而不相同；主管壁曲面是不开孔板面承接焊接电弧热，前两者则是孔边缘和坡口边缘熔于焊接熔池；所以相贯焊缝根焊层焊接时起焊，首先应对板侧电弧加热，将形成溶池时再运条加热管侧那没留钝边的相贯线坡口边缘；采用斜椭圆弧圈运条法施焊；电弧在管侧只压低电弧，使电弧更短，压毕便下滑，椭圆圈在板侧略停便快速上挑；使电弧气体因快速上挑而造成弧区负压，液态金属随之上移而冷却形成不下垂而斜向纹状的正背面均成形的熔透根焊焊缝。当然，装配间隙也很重要，须在3～3.5mm间，大则易熔穿，小则易未透，此时对焊工随机应变的能力要求较高，快熔穿时，运条动作应将电弧向已焊毕的焊缝方向甩一下电弧便可；熔孔小而未透时手慢些向将要焊的坡口方向压一下电弧就可增大熔孔使之焊透；"功夫"就是时间，焊工只要勤练，用心，不只用手练就会游刃有余了。

  根焊完成后，填充焊盖面焊对锅炉压力容器焊工持证人员一般都较熟练地掌握了。就是较熟练地掌握 CO_2 气体保护电弧焊的Ⅱ级焊工也可以从第二层填充焊缝开始用其较熟练掌握的半自动 CO_2 气体保护电弧焊施焊第二层及以后各层填充，盖面层焊缝这里有两个意义，主要是低合金高强度结构钢，桥梁用结构钢，焊接性能中均有"氢敏感"特点；半自动 CO_2 气体保护电弧焊，电弧气氛中有一定的氧化性，可以使氢的危害作用显著降低，因此这也是避免产生焊接缺陷从而避免返修的又一手段；另外，目前较大型建筑钢结构及大型钢桥结构制造，安装企业，已大有用半自动 CO_2 气体保护电弧焊取代电焊条手工电弧焊的趋势，手工电弧焊，持证焊工高手较化工，电力建设行业和压力容器，锅炉制造，安装企业拥有量相差很远，如此安排上岗焊工又是权宜之计。具体操作手法，必须采用小电流短弧焊。

  钢桥安装施工是在江河之上，空气湿度较大，因此施焊之前应对焊接接头区域进行200℃预热，和层间后热；当支管，主管壁度 $\delta \geqslant 25mm$ 时应实施"焊接过程中消除焊接残余应力和消除熔敷金属扩散氢含量法"施焊；同时实施"特殊过程"管理，连续监控，确认，再确认，避免返修，提高接头的综合力学性能。

  对于钢管混凝土拱桥，主拱管和支管相贯连接焊接接头的焊接以上只是从下料的展开放样满足支管端面的无钝边表端内表相贯线与主拱管曲面吻合的施工方法和焊接工艺措施，操作方法，从而保证焊接相贯连接焊缝施焊工艺条件避免返修的工艺技术措施方法；而这些方法，措施的实施条件之一就是：展开主管曲面，展开支管管端相贯线放样的基础参数是主拱拱轴曲线和支管与主管的管轴线；拱弦管拱轴设计曲线煨制，目前对于电力，化工，管道行业较大直径 $D \geqslant 1000mm$ 较厚管壁 $\delta = 100mm$ 采用中频煨弯机，煨制所需曲率管已不是新鲜事了；而建筑钢结构，钢桥结构制造行业中大型企业，对钢管拱拱弦制造，仍习惯于没有任何标准依据的"以折代曲"加工制造；（交通部重庆所撰文的《钢管混凝土拱桥施工技术规范》的 2002 年 3 月"征求意见稿"中规定：折线角 $\theta \leqslant 0.04d/L$ 弧度，"报批稿" 2005 年报交通部）。

某段，某种曲线（设计拱轴曲线）若以该段起，终点的边线来代替它时，必然在连线的 1/2 长度处存在中矢高，该中矢高值的大小即可反映出折线与曲线（设计曲线）的不吻合程度。也就是以折代曲工艺方法组拼的拱弦，在与支管相贯连接部位，拱轴线对设计拱轴曲线的位移量。支管轴线，和采用以折代曲组拼后的拱轴线，是支管与主管相贯连接展开放样的一对相关参数；按设计拱轴曲线与支管轴线为参数展开放样得到的相贯线支管端头与以折代曲主管曲面将很不吻合，组拼间隙，坡口角度，支管与主拱管相对角度均不符合要求。焊接施工条件再不可能避免返修和提高焊缝的综合力学性能了。因此企业工艺部门应采取相应对策或展放整体拱弦工艺图实样，测量设计规定的支管与主拱管相贯连接位置的两管实样角度和拱轴位移数值；测量记录该数值将其作为展放支管端面相贯线和位移后拱轴该处拱管曲面的定位；或将实测记录参数值输入数控设备切割支管端面相贯线连接面；切割下料后作不留钝边外坡口加工并修整。工厂内组拼焊接可对照修整外坡口；下料后供现场安装组拼时应留余量供现场安装时修整。总之避免返修提高焊接接头使用安全可靠性，不单纯是焊接工艺事宜，它是一套复杂的系统工程；是须企业中相关部门和人员共同努力去实现的。采取工艺技术措施创造较好的焊接工艺条件，或利用，学习，研究制造较灵便机动的焊接工艺装备，重要的是走出去，向其他行业引进，学习先进的工艺装备，工艺技术，请进来培训，培养一批本企业的有一定专业知识，相当实践经验的优秀焊接工艺人才以作为企业真正的技术储备。

避免返修，提高焊接接头，焊缝的综合力学性能，是目的、是方向，为其努力是过程；但是必要的焊缝返修总还是有的，应遵循焊缝修的自有程序和过程也是必须的，否则较难得到返修施焊的理想效果；焊缝要不要返修是无损探伤结果及对结果的分析确定的；而返修焊缝的过程，无损探伤仍是不可缺少的参与，确认手段；如从射线探伤底片评定中发现焊缝某处存在超标缺陷，据分析，必须返修；但射线照相底片观察可对缺陷准确定性，定量，可是缺陷存在的深度位置，不能准确定位；JB/T 4709—2000标准规定，较厚板焊接接头的"返修深度不得超过38mm"假如板材厚度为50~60mm，返修侧面选择，准确定位清除缺陷，对缺陷确认，又需要采用超声波探伤，用深度1∶1法对缺陷深度准确定位；定位之后用碳弧气刨加砂轮磨削的方法，或用手持机械（手动铣切削）使缺陷亮相，清除；清除后如裂纹或其他细小缺陷应用磁粉探伤确认其已清除（非磁性材料用渗透探伤确认），最后依既定返修工艺实施返修；返修后按相关规定作焊后处理，再用无损检测手段作返修质量检查，确认。低合金高强度结构钢，桥梁用钢较厚板（$\delta \geqslant 28mm$）焊接接头，如返修前焊缝施焊，进行了"特殊过程"焊接过程中消应，消氢法施焊，其返修过程须按章行事，并在"产品质量证明书"中记录焊接返修部位、长度、返修深度并附图。

一般在锅炉，压力容器，化工机械，化工建设，电力，冶金建设企业的焊接工艺技术文档中，都有一册，"焊工施工技术档案"，其中焊工姓名，钢印编号（低温容器，焊缝旁不准打焊工钢印号；作竣工图记录）焊接工作记录，持证编号，持证项目，探伤结果记录其中底片等级等均准确登记在案；年终授奖，工资计算，评定全凭工作质量，绝无争议；若有焊接事故责任难脱；故每个焊工施焊时每根焊条熔焊，每厘米焊缝焊接，每次运条、埋弧自动焊时，启动焊机前的设备检查，工件检查，焊剂烘干状态询问和查看，焊接小车推动，电动检查轨道情况和机械跟踪精度……这些工作都是在为避免焊缝返修提高焊接接头综合力学性能努力，为自己的进步努力。年终，"焊工施工技术档案"公布一年施工技术进步情况：工作质量优秀的焊工姓名榜上开红花，名下闪金光，焊接责任工程师，得奖焊工的心啊……醉！他们在避免焊缝返修，须返修时用心，采取相应技术措施返修工作中作出了努力，得到了成绩，心中颇有自得感，笑靥也泛出了红光。

第12章 钢桥工程监理

对于某一项单位建设工程,建设单位(业主)、设计单位的该工程设计工程师、监察机构,总包商单位,专业分包单位、工程监理单位的该工程监理工程师,劳务施工单位的劳务人员……均是该建设工程的参建者。只是他们的岗位职责不同,专业能力各有所长,工作阅历不一,认识水平工作方法不完全一样而已。

对于一个单位的建设工程,参建人员之间,应是相依相融、专业能力互补,相商相携地工作,共同执行施工技术规范,标准;为使共同参建的单位建设工程的建造过程符合设计要求,提高使用质量和社会效益努力;同时在业务水平上提高自我。

对于工程监理,中国监理风格讲:严格监理,热情服务。八个大字谈何容易;它要求从业监理工程师具有一定的专业知识能力,相当的实践经验,较高的从业道德水平才能谈及一个讲字。如有这样一件真实的故事:在某大型钢桥制造企业,制造钢桥结构的任务不少,每座钢桥制造过程均派驻了驻厂监理工程师,监理办公楼,监理住宿楼作条理性安排,于是监理工程师间攀谈业务的机缘多了些;某钢桥驻厂监理工程师崔工外出3月余,回厂了,看上去很疲倦,于是问候一声:"这些日子很累吧?""可不"接着讲述过程:"我们那个桥梁结构,底板$\delta=25mm$,$Q345q^D$板材进货差些,正好厂里料区有$Q345q^E$,$\delta=25mm$板,工期紧,于是向设计申请代用,这当然批准了;以高代低吗。""那不是很好吗?""我们总监说材料代用设计批复了,可焊材也得以高代低呀!于是我们向我们了解的焊材厂,焊研所寻找含硫,磷量低的焊材去了。""结果如何?""没有呀。""工程如何了?""暂停。"

听崔工一席话颇有感触:这真可谓严格监理,热情服务了;可是"服务"的结果又是个憾事;此时龚自珍先生的话又鸣在耳鼓:

"万事都从缺憾好,吟到夕阳山外山";于是拿出些资料请他看:

我国焊条、焊剂、药芯焊丝标准大都等效采用或参照采用美国国家标准,其对应关系见表12-1。

焊条、焊剂、药芯焊丝标准　　　表 12-1

中国标准编号	采用程度	美国国家标准编号及名称
GB/T 983—1995	等效	ANSI/AWS A5.4—1992《不锈钢手工电弧焊焊条》
GB/T 5117—1995	等效	ANSI/AWS A5.1—1991《碳钢药皮电焊条规程》
GB/T 5118—1995	等效	ANSI/AWS A5.5—1981《低合金钢药皮焊条规程》
GB 5293—1985	参照	ANSI/AWS A5.17—1980《碳素钢埋弧焊用焊丝及焊剂》
GB/T 12470—2003	参照	ANSI/AWS A5.23—1980《埋弧焊用低合金钢焊丝和焊剂规程》
GB/T 10045—2001	参照	ANSI/AWS A5.20—1979《药芯焊丝电弧焊用碳钢焊丝规程》

我国焊材国家标准是通用性焊材标准,适用于各种行业,其技术要求与我国已经形成的压力容器标准体系和管理体系很不适应。压力容器是有特殊要求的焊接构件,制造压力容器时必须遵照《压力容器安全技术监察规程》、《锅炉压力容器焊工考试规则》、《钢制压力容器》GB 150—1998、《钢制压力容器焊接工艺评定》JB 4708—2000、《钢制压力容器焊接规程》JB/T 4709—2000 等,在上述国家法规、标准中对压力容器焊接要求作了严格规定,目前焊条国家标准的技术要求难以全面满足,具体表现为:

1. 熔敷金属的化学成分和硫磷含量

GB 150—1998 中所列钢号其标准为《压力容器用钢板》GB 6654—1996、《低温压力容器用低合金钢钢板》GB 3531—1996 等,压力容器用焊条熔敷金属性能应不低于母材。硫、磷是金属中重要有害元素,在压力容器用钢材和焊条标准中对其规定含量的对比见表12-2。

压力容器用钢材和焊条标准　　　　　表 12-2

钢号			与该钢号相匹配的焊条型号		
钢号	硫,%	磷,%	型号	硫,%	磷,%
20R	≤0.020	≤0.030	E4316 E4315	≤0.035	≤0.040
16MnR	≤0.020	≤0.030	E5016 E5015	≤0.035	≤0.040
15MnVR	≤0.020	≤0.030	E5515-G	没有规定	没有规定
15MnVNR	≤0.020	≤0.030	E6016-D1 E6015-D1	≤0.035	≤0.035
18MnMoNbR	≤0.020	≤0.025	E7015-D2	≤0.035	≤0.035
13MnNiMoNbR	≤0.020	≤0.025	E6016-D1 E6015-D1	≤0.035	≤0.035
15CrMoR	≤0.020	≤0.030	E5515-B2	≤0.035	≤0.035
07MnCrMoVR	≤0.020	≤0.030	E6015-G	没有规定	没有规定
09MnD	≤0.025	≤0.025	E5015-G	没有规定	没有规定
09Mn2VD	≤0.025	≤0.025	E5015-G	没有规定	没有规定
09Mn2VDR	≤0.025	≤0.030	E5015-G	没有规定	没有规定
09MnNiD	≤0.015	≤0.020	W707 没有对应型号	≤0.035	≤0.040
09MnNiDR	≤0.015	≤0.020			
15MnNiDR	≤0.015	≤0.020	E5015-G	没有规定	没有规定
16MnD	≤0.025	≤0.025	E5016-G E5015-G	没有规定	没有规定
16MnDR	≤0.015	≤0.020			
20MnMoD	≤0.025	≤0.025	E5016-G E5015-G E5516-G	没有规定	没有规定
08MnNiCrMoVD	≤0.020	≤0.020	E6015-G	没有规定	没有规定
07MnNiCrMoVDR	≤0.015	≤0.025			
10Ni3MoVD	≤0.015	≤0.015	E6015-G E7015-G	没有规定	没有规定

从表 12-2 可见,与压力容器用钢材相匹配的焊条国家标准中,

硫、磷含量普遍高于钢材，对于少数强度型低合金钢和几乎所有低温压力容器用低合金钢钢板，低温压力容器用碳素钢和低合金钢锻件来讲，匹配焊条的国家标准中对硫磷含量都没有规定。

《桥梁用结构钢》GB/T 14—2000 第1号修改单中1.表1中元素符号"F"应为"P"；如此，更明确了 $Q345q^D$ P 含量为不大于 0.025%；S 含量为不大于 0.025%；$Q345q^E$ P 含量不大于 0.020%，S 含量不大于 0.015%；纵观我国焊接材料大都等效或参照美国国家标准；横向寻查目前对焊接质量，尤其是使用安全可靠性要求较高的压力容器制造和化工安装行业用与压力容器用钢材相匹配焊条，焊丝，焊剂，药芯焊丝，硫、磷含量又普遍高于钢材，部分标准中都没有相应规定，此种情况下，"热情"地去寻找含硫、磷量低于 0.035% 的与 $Q345q^D$，和 $Q345q^E$ 对接施焊的焊接材料"以高代低"的产品，岂不枉然；"服务"也是憾事。

细细地思索，切磋；JB/T 4709—2000 标准释义中"为了确保焊接质量，避免返修和提高焊接接头的综合力学性能，世界各先进工业国家相继采用了单丝或双丝自动跟踪的窄间隙埋弧自动焊。"及"相同钢号相焊的焊缝金属"，中的阐述："如再考虑冶金因素或熔合比的作用，实际焊缝金属的强度水平将远远高出焊接材料熔敷金属的名义保证值。"这样一个解决此问题的方案便形成了：对于提高焊缝综合力学性能，应从焊接工艺方法，坡口准备，工艺技术等诸多方面及实际焊缝可达到的强度水平和性能参数综合考虑，分析：

如采用I形坡口，窄间隙，埋弧自动焊便可满足焊缝金属强度不低于基本金属（母材）性能不亚于被焊钢材的焊缝，且高效，高质量地完成施焊如下图 12-1 所示：

本图模拟焊后接缝区宏观金相绘制；填充焊材熔入量示意部分是焊前组拼间隙和焊后接缝余高计为焊材量。因焊前，焊后，焊接接头处，形态变化只有此部分填满和增加了余高；其金属来源只能是焊接材料。

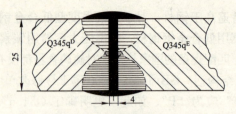

图 12-1 接缝断面示意
■ 填充焊材熔入焊缝量示意
☰ 被焊钢板熔入焊缝量示意
⌇ 熔合线，热影响区外母材金属示意

如按上图情况分析：焊接接头处熔敷金属中，熔入的焊接材料，只占其断面的 30% 有余；而 I 形坡口两侧母材：$Q345q^D$、$Q345q^E$ 板料经电弧加热，电弧冶金后熔入熔敷金属（焊缝）量，占其截面的 60% 有余；就焊缝金属讲，它是 $Q345q^D$、焊接材料，$Q345q^E$ 三部分材料在电弧加热、电弧气氛下冶炼为一体的液态金属，冷却结晶形成焊缝金属的产物；熔入焊缝金属的 $Q345q^D$ 材料中 S 含量不大于 0.025%，P 含量不大于 0.025%；$Q345q^E$ 材料中 S 含量不大于 0.015%、P 含量不大于 0.020%；焊接材料中熔敷金中 S、P 含量为 0.032%～0.035%；电弧冶金反应中有脱硫，脱磷过程；不会产生 S、P 的增加（尽管脱 P 较困难）；因此熔合比，电弧冶金因素的作用下所焊得的焊缝，只要其焊接工艺参数正确性充分；其综合力学性能定能提高；将高于其两侧母材金属；且已经试验，检测证实。

如果接头板料厚度 $\delta \geqslant 28mm$，便应建议施工单位实施："焊接过程中消除残余焊接应力，消除熔敷金属扩散氢含量施焊工艺"并参与协助实施"特殊过程"连续控制的监查、监控，确认再确认的焊接工艺全过程；其目的应是焊接结构的使用安全可靠性。

如此一来岂不是真的履行了"严格监理，热情服务"的监理风范；目前钢桥结构型式越来越新颖多样；大跨度、大截面结构越来越大；随之所用钢材厚度越来越厚；全焊接钢桥结构的焊接工艺管理，尚停滞在"焊接工艺评定"层次上；距一些材料，中厚板焊接接头"焊接工艺规范"管理，较之于"特种设备"制造安装行业相去甚远；在确保焊接接头安全使用可靠性方面的努力程度远不充分；在钢桥制造安装行业中有相当实践经验的金相，热处理专业工程师不多；较大型.设备先进完善的热处理炉具，机具亦不多；这些工艺现状均需尽快提高，增设。有些大型钢桥制造安装企业的生产，焊接工艺管理程序和工艺规程，包括焊工培训资格，能力尚不能适应当今型式新，跨度大的钢桥；高层，超高层建筑钢结构；截面不断增大，使用钢板越来越厚且有铸钢节点在应用的发展趋势和确保所制造安装的焊制钢结构使用安全可靠性的要求。

钢制焊接结构的基础质量，是其焊接接头的使用质量和焊接缺陷；前文已述：无损探伤只能检测焊缝的静态质量，而确保钢制焊接结构的安全使用可靠性是一整套系统工程；绝不是通常以为进行了"焊接工艺评定"便结束了的事，而焊接工艺评定工作仅是其基础。

钢桥建造工程，高层，超高层建筑钢结构建设工程的制造，安装施工监理，通常说的三控中的质量控制；如以当前的大跨度钢桥，高层，超高层建筑钢结构制造安装而论：其焊接接头质量控制，便不应是较简单的"焊接工艺评定"汇编查阅，焊工资质审查和操作能力考核、及工程构件的焊缝外观检查、内部质量探伤报告审核就完成控制了；因为工程构件使用钢板，铸件的材料、板厚、及结构型式，使用状态的复杂、苛刻化，都要求设计单位，施工单位监理单位的参建工程师们多元化适应其发展需要和满足其使用安全可靠性的确保要求。

前文，对于 $Q345q^D$ 与 $Q345q^E$ 对接接头施焊，采用 I 形坡口，窄间隙埋弧自动焊全焊透施焊工艺，解决焊缝的综合力学性能不低于母材，（设计的等强匹配要求）；减少熔敷金属 S，P 两种有害元素含量方埋弧自动焊工艺方法；如果焊接专业监理工程师不对该企业的焊接工艺工程师和操作焊工，进行埋弧自动焊，电弧工艺理论培训；讲通，讲清在焊接电流参数的某区间内，即能大增其熔透深度，又在窄间隙条件下而不会"焊穿"的原理及如何用电弧电压参数，焊接速度参数与之匹配的电弧工艺理论；又在现场使用该企业 ME-1000-1 埋弧自动焊机，指导该企业焊工进行现场"工艺试板"施焊；现场解剖试板截面，磨加工，硝酸乙醇宏观金相腐蚀，直观观察熔焊区宏观金相影像的熔透，熔到程度；确认，确信。如只是如上图和上文的服务是徒劳的，之后对工艺试板进行了相关力学、化学测试，再确认，较新的焊接工艺施工开始了。焊接专业监理工程师的监理，服务工作完成了；确保 $Q345q^D$ 与 $Q345q^E$ 材料对接接头使用质量安全可靠性努力得到了实施，实现。

2. 建筑钢结构，钢桥结构的制造，安装施工，工期要求紧，赶工期是常有的事；而施工功效的提高只有在确保施工质量前提下，提高自动化，机械化生产，焊接能力和工艺装备能力更合理地安排，布置结构件各工序加工，焊接，检验流水线施工上多费功力，去实现高功效方是正理：

吉林市江湾大桥为钢管混凝土拱桥结构；拱轴线为悬链线，中间跨为 $l_o=120m$；跨中矢高 30m 拱轴系数 $m=1.4$；两边跨 $l_o=100m$，跨中矢高 22.22m，拱轴系数 $m=1.4$；拱桁架为 $\phi700\times14$ 钢管 4 根及 $\phi325\times12$ 横斜支撑管组合的矩形截面；拱管加工采用"以折代曲"工艺加工。

钢管拱结构，钢梁结构均由中铁十八局涿州厂和紫荆关厂加工；$\phi700\times14$ 拱管单节长 1.7m 卷轧管筒后纵焊缝，和拱节间环焊缝均采用内开 V 形坡口，外清根手工电弧焊；施焊时每道纵焊缝焊接要耗时 2.5h(含清根)；拱弦拼接环焊缝要耗时 6h(含清根)；按施工技术规范，焊后需进行射线探伤检查，一次探伤合格率较低；返修后仍须复探很耗工期；平均每道环焊缝要一个工日完成。如此施工是无法如期交付工件到吉林市的。

驻厂监理，焊接专业监理工程师，见此情况，用两天时间，在该厂材料部门和机加工师傅的协助下为该厂制作一品埋弧自动焊探杆(其结构如本书图 9-3)；装配在焊接小车上之后，对该厂焊接工艺人员和操作焊工进行了培训，并进行了产品施焊演示；其功效为：δ＝14mm 筒节接缝Ⅰ形坡口（即不开坡口）纵焊缝内外两侧面各焊一道完成只需每侧 5min 共 10min 焊完；环焊缝施焊，因装配工艺为"以折代曲"满足拱轴设计曲线要求，故接缝便是折点位置，滚动转胎只能放置在三节筒管装配后的中节，探杆从两头管端探入各焊一道环焊缝，为转动稳定，折线水平位时重心位移在外折面管端加一配重，其重量是折线水平位时，转动不偏重，可匀速转动为准。因中管段两端为折点，中心轴位转动时不位移，转动时以探杆探入量调整机械跟踪施焊；每道环缝内外只需 15min 便可完成，但只能施焊三节为一单元的两道环焊缝，三节为一单元再相拼时，只能采取手工电弧焊施焊了；因折接管转动困难。三节单管组拼为一单元段拱弧管，埋弧自动焊内外环焊缝，见下图 12-2 所示：

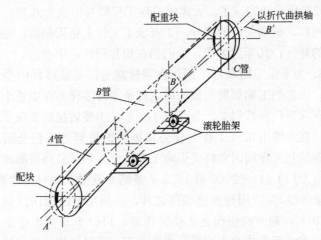

图 12-2　A、B 两折点环焊缝施焊机具

说明：右图：虚线轮廓为直管组拼段三管相拼 A、B 两拼接接缝为圆形 D＝管径；实线 A、C 管与 B 管，从拱轴线上 A、B 点为折点，接点，按以折代曲装配 AB 环焊缝为椭圆形

　　说明：A、B、C 三节拱管均为直管段以 A、B 点为折点，长度为 1700～1750mm；滚轮胎间距小于 AB 段长 200mm；即滚动胎又是三段管组拼后的支撑滚。使折线管组以 AB 轴为中心转动；A、B 两环焊缝施焊时采用前文图 9-5 自制工艺探杆，使用微调器作椭圆焊缝面位移跟踪施焊内环缝；外环焊缝焊接时，只需将焊接小车置于简单凳式支架上的小车轨道上，松开小车行走离合器；导电嘴上装一绝源探针手动，观察跟踪焊接外环焊缝即可

应用图 9-2，图 9-3，图 9-5 探杆工艺机具施焊；埋弧自动焊可采用 I 形坡口，减掉了开坡口工序；同时节省了填充金属（焊接材料）；提高了焊接功效：单节卷管纵焊缝只需 12min 时间施焊 1700mm 长纵焊缝，内外两面各一道完成全熔透接缝施焊；$\phi 700 \times 14$ 环焊缝内外两面各一道焊缝，仍是全熔透接缝，再加上管内外移，稳焊接机具时间，只需 20min 便可完成施焊；且大大提高了一次探伤合格率；为加速拱弦管段组拼时间和提高组拼接缝质量，又加一道纵焊缝施焊，探伤完毕后，回卷板机矫正不圆度工序，使不圆度和纵焊缝区棱角度偏差消除，又加快了组拼拱弧段的速度并提高了组拼质量，形成了良性循环；半年期制造一跨度 120m 拱弦，两跨 100m 拱弦共六架桁架拱弦的工作量 4 个月便较高质量地完成了。天津的监理工程师与中铁十八局，河北省涿州厂，紫荆关厂的领导，工友成了工作上相依相融，专业上互补的好友；几年过去了，他们仍在相互问候，学习。

3. 为不误工期而赶工期，在钢桥制造，安装过程中是普遍现象，而影响工期如期完成的因素却是多种多样：在中铁十八局河北省涿州厂和紫荆关厂是改进了工艺，工装后超前实现了工期要求；在天津市市政工程天佳公司则是钢桥制造工程全面展开后，现场和工序间因素将要影响工期进度；依《公路桥涵施工技术规范》JTJ 041—2000 第 17.2.7 条第 6 款要求：对接焊缝（一级质量等级）除应用超声波探伤之外，尚须用射线探伤抽探其数量的 10%；超声波探伤是无伤害作业，可以于其他工序安排并举，而射线探伤作业大家就谈虎色变了。要对结构工件焊缝进行射线照相，便要大面积作业场地停工净场；各工序施工又是互相关联，承上启下的，上工序停滞，会影响下工序的次日待料停工；施工进度的停滞现象产生了，必须着心着手解决。

为了确保施工安全，驻厂监造监理组和无损检测专业监理工程师，天佳公司主管生产的王副经理一起学习了《放射卫生防护其本标准》GB 4792 及相关照射计量和防护法则。按照《放射卫生防护基本标准》第 1.4.2 条，"放射防护最优化：应当避免一切不必要的照射；以放射防护最优化为原则，以最小的代价获得最大的净利益，从而使一切必要的照射保持在可以合理达到的最低水平。"

通过认真学习和向无损检测行业的专家请教，他们共同以《放射防护基本标准》中"公众中人受到的年计量当量低于5msr为计量当量参数；依照照射场射线场强以距射线源的距离成平方关系衰减原理，研究、计算、设计了采用铅箱作射线源屏蔽；用伦琴计测定安全距离的屏蔽防护加距离防护的放射防护的最优化方案，并具体实施。

经计算和实测，驻厂监造的无损检测专业工程师和天佳公司王经理一起主持、设计、制造了：长1.3m，宽0.45m，高1.0m的侧开门角钢骨架；$\delta=2.5mm$钢板作内壁板；外包$\delta=14mm$铅板(Pb)作射线源屏蔽，(内壁钢板与铅板采用锡做过渡金属塞焊固结)的移动式铅箱；射线柜置于铅箱内操作；六面体铅箱，五面做了全封闭式铅屏蔽，可以垂直向下透照；在进行透照时用伦琴计测出安全距离，作出警介线，放置警示牌，这样便可以在放射防护最优化条件下进行必要的照射施工了；卫生防护最优化了；相应的施工场地开辟出来了；工序流水施工安全有序地进行了；停滞现象不存在了；施工单位的专业技术工程师，无损检测专业监理工程师，大家都在努力夺回已将误的工期；这努力是紧张的，又是欣悦的，是在确保工程构件焊接接头使用质量前提下共同努力进行的。

钢桥构件加工，大面积板料组拼，埋弧自动焊接板拼缝施焊将结束了，焊缝检测也将告终。钢混叠合梁、钢箱梁组拼胎架搭设完毕了，结构组拼将要开始，手工施焊焊工操作能力上岗考核是必须进行的；上岗焊工须考核是监理工作的通用规定，也是约定俗成的事；但考核方法，过程各不相同；因此，监理组焊接专业监理工程师与天佳公司质量部长、劳务施工技术负责人共同洽商了焊工考核方案；应试焊工24人，要从24名持证焊工中选出几名操作技能优秀的"英才"上岗操作不是件难事。但是，钢桥设计施工图中，焊缝质量等级有一、二、三级之分；各级别焊缝所要求的检查验收的内容、手段、比例、合格指标也不相同；施焊部位又有地面、桥上、高空、箱体内部、外部的区别；焊缝还有平、横、立、仰四个操作位置……如此看来，考核便不简单了；于是商定如下方案：

1）集中进行操作难度较高的，板厚 $\delta=16mm$，$Q345q^C$ 材料，V形坡口，3～4mm间隙，J507，$\phi3.2$焊条，连弧击穿法，单面焊背面自由成形，操作考核，选拔出操作技能较好的焊工为骨干，去担任制作安装中的较重要部位和操作难度较大的焊缝施焊；

2）通过操作技能考核，对操作技能一般的焊工，做出考核结果记录，再通过座谈与二次测试了解其操作技能尚有的专长，在施工中量才任用；

3）上岗考试只是单项操作技能考核，施工过程中，旁站监理工程师发现某一焊工不能胜任其部位的操作要求，或经焊缝无损检测，发现其所焊焊缝缺陷较多的焊工，通知劳务队负责人立即调离焊岗；

4）所有上岗焊工，专岗专位上岗施焊操作，且上岗前由天佳公司焊接专业工程师和焊接专业监理工程师做专项焊接工程工艺技术措施培训，有违反工艺纪律者立即下岗。

考核焊工技能的方案签认了，考核进行了，而实际上，钢桥结构制作安装施工的全过程才是真正的考核过程。每个焊工施焊的每一道焊缝的外观检查在考核他的技能，每次无损探伤后的结果通知单，是对施焊焊工下发的成绩单。旁站监理工程师，每一次有目的的拿起焊接面具观察，是在考查焊工的工艺能力，在指出他的不足之处。质量记录是在分析、传递焊工名单上标注每个焊工的施焊成绩。焊接岗位上的焊工在更换；工艺技术措施培训在现场进行，在批评，在指正，在组织好的焊接手法的观摩……都在持续着焊工考核培训，提高的过程。保定桥下仰望那二十四条箱梁对接仰位置施焊的笔直美观的仰焊缝便是他们的成绩单。

4. 埋弧自动焊是成熟已久的焊接工艺技术，世界各先进工业国家都在应用这一功效较高且焊接质量可靠的工艺技术；且在应用过程中不断更新优化；在研究中，在相互学习中进步。我国各金属结构制造，安装行业的应用水平参差不齐；标准化程度亦有高低；建筑钢结构和钢桥结构制造安装企业较之于锅炉，压力容器，化工，冶金，电力建设行业稍逊一等；在天津保定桥建造过程中天佳公司在焊接施工方面迈出了向焊接施工较先进的行业学习，向先进工艺迈进的一大步；该公司主管生产副经理，技术负责人均为焊接专业工程师；有一定的专业知识水平，经多年生产实践又拥有了相当的实践经验，学习先进焊接工艺技术和应用焊接先进工艺技术便路近径捷了。

驻厂监理组，焊接专业监理工程师，到车间巡检，对现正在施工的钢箱梁底板拼接的对接焊缝，焊后"棱角度"超差时，采用氧炔焰火焰加热，用以矫正对接接头"棱角度"变形的"工艺"提出了意见：认为氧炔焰用于"热矫变形"不妥，因为此种"热矫"工艺方法将降低被矫正的焊接接头使用质量，且据调研："火焰热矫正焊接变形""工艺"目前不只是天津市天佳市政公路工程有限公司在"应用"，在一些大中型金属结构制作，安装企业都在"应用"，这本身是一个工艺误区。有的大型钢桥制造企业居然有"热矫工"这样的"工种"；厂内大面积的构件制造，存放区的结构件上"热矫焊接变形"的危害触目皆是，而他们的技术人员熟视无睹。前文已述，此不重叙。

误区，误者，错也。提出意见，问题的驻厂监理，焊接专业监理工程师、天佳公司技术负责人、主管生产的副经理，三个焊接专业工程师开始对这个误区里的事宜切磋，琢磨拨雾寻珍：

（1）焊接工艺审核：板材 $Q345q^c$，厚度 16～25mm；坡口型式：单面 V 形坡口；焊接层次与方法：手工电弧焊打底。埋弧自动焊正背两面施焊（正面手工电弧焊打底后埋弧自动焊；背面碳弧气刨清报，即原手工电弧焊打底焊道清除，再磨削清理后背面埋弧自动焊；因板厚不同，正面焊道层数各异）经查工艺参数、母材、焊材、操作程序均符合已评定合格的焊接工艺指导书要求。

（2）对接焊缝焊后情况、状态观察，被组拼焊接的板料厚度，单片面积和组拼场地支撑状态各异；但均有不同程度的棱角度变形，超差现象存在。

（3）相关施工技术规范的查寻与探讨：《公路桥涵施工技术规范》JTJ 041—2000 中第 17.2.2 条矫正和弯曲，第四款：热矫温度应控制在 600~800℃矫正后钢材温度应缓慢冷却，降至室温前不能锤击钢料或用水急冷。零件矫正后允许偏差符合表 17.2.2 的规定；《钢制压力容器焊接技术规程》JB/T 4709—2000 第 7 条"后热"的第 7.1 款：对冷裂纹敏感性较大的低合金钢和拘束度较大的焊件应采取后热措施。第 7.3 款：后热温度一般为 200~350℃，保温时间与焊缝厚度有关，一般不低于 0.5h。该条款释义阐明：温度达到 200℃以后氢在钢中大大活跃起来，消氢效果好，后热温度上限一般不超过马氏体转变终结温度而定为 350℃。

通过对上述相关技术规范和规程的学习与研讨，得到了一些较明确的收获：JTJ 041—2000 规范 17.2.2 款中热矫温度 600~800℃是指对"钢材"也就是对板材，型材，零部件材料的矫正。17.2.2 表的内容也正说明了这一内容：此款对焊缝变形矫正无关；而对对接焊缝棱角度超差矫正，其过程恰与焊后、后热措施过程雷同；要热矫变形温度低于 350℃时矫正作用不大；一般"热矫"温度近于"红热"状态，也就是超过了马氏体转变终结温度，对结构焊缝的使用性能不利；保证施工质量，板材对接焊缝棱角度变形用火焰热矫正"工艺"不能再用了；因为"热矫"对接缝的使用性能不利。故控制，防止"棱角度"变形必须优化埋弧自焊施焊工艺。

（4）优化埋弧自动焊工艺，驻厂焊接专业监理工程师，约天佳公司生产副经理，技术负责人、质量部长共同深入学习了 JB/T 4709—2000 标准释义并研讨了相关内容：对接全熔透焊缝施焊产生棱角度变形的机理是：对对接接头双面施焊时，两侧面焊缝施焊过程中焊接线能量输入不等且相差不少；填充金属量亦不相等焊接层次仍不相等有关；是接缝两侧面熔敷金属横向收缩量和应力不等造成的；又因此面对不同钢板厚度对接接头坡口选择，焊接层次，埋弧自动焊工艺参数等工艺范畴内的相关事宜进行了讨论，研究并制定了相关计划，筹策。

JB/T 4709—2000 标准释义，第 5 条焊前准备，第 5.1 款：焊接坡口条文中有："选择坡口形式和尺寸应考虑下列因素：①焊接方法；②焊缝填充金属尽量少；③避免产生缺陷；④减少残余焊接变形与应力；⑤有利于焊接防护；⑥焊工操作方便"等，还释义："焊接坡口的根本目的在于确保接头根部的焊透，并使两侧的坡口面熔合良好，故焊接坡口设计的两条原则是熔深和可焊到性，现以埋弧焊的焊接坡口为例，介绍焊接坡口选用原则：①I 形坡口的选用原则，I 形坡口的特点，它适合薄板和中厚板的高效焊接。单面焊时，焊一道完成双面焊时，内外各焊一道完成。I 形坡口适用厚度如下：……双面焊时，$\delta_{min} = 4mm$；$\delta_{max} = 20mm$；这样的坡口尺寸，其最大焊接电流值一般不超过 850~900A，这样的热输入量对于低碳钢和 σ_b<490MPa 的强度型低合金钢来说，其焊接接头的性能可满足要求。""②窄间隙坡口选择原则，……为了确保焊接质量，避免返修和提高高焊接接头的综合力学性能，世界各先进工业国家相继采用了单线或双线自动跟踪的窄间隙埋弧自动焊……各国采用的窄间隙坡口相似而略有不同。

经对《钢制压力容器焊接规程》JB/T 4709—2000 标准释义的学习和他们对对接接头焊接接缝处棱角度变形产生机理的分析研究；决定对窄间隙 I 形坡口埋弧自动焊焊接工艺进行工艺试验。

$Q345q^C$ 钢板，板厚 20mm，平板对接接头；I 形坡口（即开坡口）窄间隙；普通单丝埋弧自动焊机 Mz-1-1000 型直流焊接电源；本厂持证焊工经驻厂焊接专业监理工程师进行了专项焊接工艺培训后操作施焊；试焊在三个焊接专业工程师和质量部长对焊前准备工作确认后进行；两面各焊一道完成；引弧板长 150mm，进入主焊前 50mm 处三个焊接工程师对工艺参数再确认后进入主焊道，并进行了 600mm 试板主焊道，两侧施焊全过程，包括网路电压值的全过程监控记录。施焊完成了,焊缝外观检查,表面质量美好。"棱角度"变形检验,变形量为零;试件上取三处(首,尾,中)做接缝截面"宏观金相"测试,取拉伸,弯曲,冲击试件各组,两块试板同时,相同工艺参数相连接施焊。一块上取试验件加工做相关试验,另一块则送探伤室做射线探伤检查;原因是三个焊接专业工程师急于知道各项检查结果。

几个人两天一夜的切磋,琢磨。终于看到样尺靠上试件"棱角度"变形为零;试验机旁看力学试验合格,冲击韧性略优于已往工艺评定测定值;观片灯前仔细观察找不到一个缺陷,磨床上没有"组合夹具",(小块的宏观金相试块只好用手磨,4个小时终于在细砂纸,金相砂纸上手工磨成了)。宏观金相试块浸入自己配制的硝酸乙醇金相腐蚀液中,显现出:全熔透无缺陷,两侧面焊道熔透,且重合5mm金相影迹时试验室内还弥漫着乙醇的轻微醇味,他们的心啊……醉! 棱角度变形问题解决了;再进行施工焊接时,平板对接接头全熔透焊接,板厚6~22mm范围内板料可以省去开坡口加工工序,焊接层次少些了……岂止是一曲三功。

5. 正置板厚:$\delta=20mm$,$Q345q^C$板料,I形坡口对接接头、窄间隙、全熔透施焊工艺技术,在天佳公司投入施工实施之际,天佳公司正在建造的独塔斜拉索体系钢桥(天津市保定桥)设计工程师下发了关于塔根部位钢箱梁底板板厚变更为60mm板厚的变更设计通知。对于强度型低合金钢中厚板$\delta\geqslant28mm$板料,组拼施焊的焊接接头焊接,且确保焊接接头的使用安全可靠性的施焊工艺的重视程度、掌握水平、研究深度,目前在钢桥结构制造和建筑钢结构制造,安装施工的大中型企业,较之于化工建设、电力建设、冶金建设(含特种设备制造、安装)企业相差较远,甚至于尚未起步,只滞留在"焊接工艺评定"阶段。曾与某一大型"钢桥制造中心"企业"工程设计所"(即工艺部门)主任攀谈:"你们中厚板焊接工艺目前是否有'使用可靠性'概念?"他坦诚地告诉我:"没有"。近几年来在钢桥建设的大跨度,大截面,新型结构在建筑钢结构的高层、超高层结构发展迅猛,设计工程师选用的钢板厚度随之越来越厚，选用的型材也随之截面大而结构组型板厚增厚；这样，设计结构截面应力校核过去了，甚至大有盈余了；但是必须提请注意的是：结构选用的强度型低合金钢材料板厚增加了，其组拼的焊接接头的焊接层次，焊缝金属厚度必然增加；焊接过程和焊后必然产生的焊接残余应力的增加和对焊缝热影响区组织，性能影响的范围和程度；对焊后热处理规范参数的影响等诸多中厚板材料焊接固有的工艺技术、规范因素及其结果都存在直接关联，不容忽略；因为它直接影响着中厚板焊接接头的使用质量；而中厚板焊接工艺技术规范才是保证中厚板焊接接头使用性能可靠性的源头；焊接工艺评定只是其中的一小部分；焊制钢结构的基础质量是其焊接接头的使用质量和焊接缺陷，焊接接头使用安全可靠性必须确保。

目前钢桥制造，安装施工相关施工技术规范，现行规范及相关标准《公路桥涵施工技术规范》JTJ 041—2000 及铁路钢桥 TB 10212 标准；建筑钢结构 GB 50205 标准和《建筑钢结构焊接技术规程》JGJ 81—2002，经查阅尚未收入中厚板焊接接头施焊工艺有关焊后热处理及确保焊接接头使用性能的工艺技术的实施规定及结果的验收条款。

近几年来，在"施工图设计"的审核过程及在各焊接结构钢桥制造安装工程监理审核"施工图设计"过程中，曾接触过一些著名的高等学府所属的桥梁设计院所，或拥有高等资质的设计院所设计的钢制焊接结构的桥梁和建筑钢结构的施工图，并曾参建监理施工；设计图中含有的低合金钢材，中厚板料板厚 $\delta \geqslant 28mm$ 的焊接结构制造，安装施工图设计不在少数；可在"施工图设计"的说明，"施工指导设计"直至开工前的"设计交底"中都不曾对其所设计的焊制结构中的强度型低合金钢材料中厚板，板厚 $\delta \geqslant 28mm$ 板料组拼焊接的焊接接头焊后应作相关消除焊接残余应力、消除焊接接头区域扩散氢含量的工艺技术处理以确保焊接接头的使用安全可靠性。不曾提出相应技术要求，更不曾提出相应的验收指标。

对于钢桥制造安装工程施工 JTJ 041—2000 规范尚未收入低合金钢中厚板对接接头施焊，何种施焊条件下应作哪种工艺技术处理；板厚或者对接焊缝厚度超出哪一范围时应对焊接接头局部或整体结构做哪一规范下的热处理？对于建筑钢结构制造安装，前文已述《建筑钢结构焊接技术规程》JGJ 81—2002 的 P.101、第 6.5 条 6.5.2 款："焊后热处理应符合现行国家标准《碳钢、低合金钢焊接构件焊后热处理方法》(JB 6046)的规定……"。查了一下 GB 6046 现行标准，其标准标题是《指针式石英钟》，而《建筑钢结构焊接技术规程》JGJ 81—2002，6.5 条，6.5.2 款应是……《碳钢低合金钢焊接构件焊后热处理方法》JB/T 6046 了；JB/T 6046—92 是由中华人民共和国机械电子工业部 1992 年 5 月 5 日发布，1993 年 7 月 1 日实施。它与 GB 150；GB 9452；JB 1613；JB/T 4709 等标准组合融汇使用，相得益彰；如单 JB/T 6046 标准无 GB 150 等标准是无操作可能性的。因为这些标准是相依，互补，关联的，尤其是专业规范性的关联不容忽视。必须扩大认识领域，确保焊接接头使用的安全可靠性。

塔根部位，−1 号，0 号，1 号，2 号钢箱梁底板依"变更设计"应变更为板厚 60mm(按图标里程和装配工艺图核准)又经相关标准，手册查寻，只得到了《公路桥涵施工技术规范》JTJ 041—2000"实施手册"第十七章有规定"厚度为 25mm 以上时(低合金高强度结构钢)进行定位焊，手弧焊及埋弧自动焊时应进行预热。"此外钢桥制造，安装施工及建筑钢结构建造，安装施工的相关规范，标准仍来找到 $\delta=60mm$ 厚桥梁用钢钢板拼焊的焊接接头，为改善接头性能，降低焊接残余应力确保接头使用安全可靠性的相关规定；"变更设计"通知文件中亦无相关技术要求。

天津市市政工程天佳公司，完成了：$Q345q^c$ 材料，$\delta=60mm$，平板对接接头"焊接工艺评定"后，组拼施焊 $\delta=60mm$，箱梁底板第一道焊缝埋弧自动焊施焊开始了；平板对接接头第一道接缝施焊完成了；依该公司常规按相关标准作焊缝外观检查→合格→委托作无损探伤检查焊缝内部质量→合格后进行下道工序施工。此"常规"按当时 2005 年，甚至顺延至今 2009 年的现行桥梁（钢桥）制造，安装行业的施工技术规范，标准要求，设计要求和企业技术质量管理，要求及焊接工艺技术，质量管理的各项规定，都是无可非议的。

该钢桥，驻厂监造，焊接专业监理工程师，为天津市市政工程设计研究院辖属：赛英建设工程监理咨询有限公司派员，并具有无损检测施工射线探伤底片审核，审定资质；射线探伤后，对无损探伤单位所出据的底片评定报告和射线底片对照审核，从而考核无损检测单位派员的工作质量也是"常规"工作。

审查射线照相底片质量，和所拍摄的焊接接头，焊缝内部质量过程中，驻厂焊接专业监理工程师查出了一张非常典型的底片；从底片上焊缝缺陷的定性，定量，质量等级评定，到缺陷产生的工艺技术原因，返修方案，防止措施，所属标准的属性，范围等都有典型的讨论价值。和焊接强度型低合金钢中厚板工艺理论的教学样片价值。底片工检测资质和所派遣的检测人员的持证操作资质均符合国家技术监督总局关于无损检测施工作相关要求。射线照相的操作工艺技术，从 X 光探伤底上观察：其底片黑度，对比度，几何不清晰度，底片标记等均符合 JB/T 4730—2005 标准的相关要求。

驻厂监理工程师在校核射线底片上焊缝内部缺陷评定过程中，查到了一张非常令人震惊，不得不审慎思考的认真对待问题。据底片观察，底片的拍摄质量非常好，底片拍照的部位是 $\delta=60mm$ 板对接接头首道埋弧自动焊焊缝，片位是埋弧自动焊施焊时从引弧埋进入主焊道施焊，从主焊道端头至焊道长 300mm 处为拍片长度，在距焊道端头 50mm 处，焊道中心线略偏 2mm 位置存在一个圆形缺陷，其较长径为 7mm，射线探伤报告上定性为气孔，定量为 $\phi7$，按 JB/T 4730.2—2005 射线检测评定：$\phi7$ 可换算点数为 15 点，母材公称厚度为 60mm，那么该底片评定为Ⅰ级合格——果真如此亦无可非议；但是在驻厂监理工程师花镜下仔细观察后，令人震惊的是：在 $\phi7$ 气孔影像中心存在一中心点,放射状的裂纹影像!这一影像的存在,不止说明"射线探伤报告"评定有误,该条焊缝不合格!这一影像的存在,它显现的,在焊接工艺技术上和射线照相技术和底片评定的确认上都有研讨价值,可以说:该底片是有关技术教学的典型样片,且该缺陷的出现是罕见的,甚至是不可重复的,但它显现的内容就简单分析研讨便可得到以下研讨内容:

从电弧冶金过程分析焊缝中气孔缺陷产生原因和在焊缝中气孔形成的过程,便可得知气孔的形态,从而对射线照相底片上焊缝存在的点状缺陷准确"定性":

强度型低合金钢,焊接性能中有氢敏感的特点,一般在焊缝中存在的气孔缺陷多为氢气孔,氢主要来源于焊条药皮、焊剂、焊丝药芯中的水分,药皮组成物中的有机物和某些矿物质和铁锈中所含的结晶水。焊接电弧冶金过程中,氢以原子或质子形式溶于熔池液态金属中,溶解度随温度降低而显著下降。当熔池由液态转为固态时,氢的溶解度急剧降低,使氢呈过饱和状态,并促使其结合成分子氢,形成气泡外逸,但大部分氢来不及外逸而形成气孔。以原子或质子状态存在的氢可在晶格中自由扩散,故称之为扩散氢。一部分扩散氢聚集到金属的晶格缺陷、显微裂纹和非金属夹杂物边缘或已形成气孔的空隙中,在那里富集结合成分子不能再扩散故称之为剩余氢,扩散氢的富集可引起冷裂纹,还可引起钢的氢脆性或白点,使钢的硬度升高,塑性韧性严重下降。

据以上氢气孔产生的机理分析:天津市市政公路工程天佳公司此次委托天津市天欧无损检测有限公司进行的天津市保定桥建造工程中,$\delta=60mm$,0号钢箱梁底板,$Q345q^C$板料首道对接接头,埋弧自动焊焊缝,射线探伤底片上的$\phi7$气孔(含裂纹)缺陷,产生,形成过程和该道焊缝(焊接接头)对其所在的桥梁结构的使用性能的影响程度,应作如下探讨、研究和修正:可以这样讲,在底片上气孔影像的近域和电弧冶金过程存在产生气孔缺陷的因素,初始状态气孔是微小的,但它在熔态金属中已是间隙,或者说已占据了一个小小空间，扩散氢就可以在此产生"富集"，那么气孔开始长大，富集后形成分子状态，其体积长大，所以据宏观或微观金相观察，气孔均是锥台状或说是漏斗形态；当射线探伤时，底片上焊缝缺陷观察，凡射线束与气孔锥台轴线平行时，则气孔影像是圆形且其圆心存在一个黑点，因为那是气孔的全轴长度也是空洞最长处，感光度最大，随射线束与底片与气孔存在部位的角度变化，小黑点在位移，但只要是气孔缺陷，黑点总是要有的。只有当射线束与气孔锥台轴垂直透射时其影像是无小黑点且呈锥台状。

驻厂监理工程师所审察的 $\delta=60mm$，钢箱梁底板，对接接头焊缝射线照相检查的存在 $\phi7mm$ 气孔，并在气孔内含以一点为中心多个放射状裂纹缺陷的产生过程应是如上所述的过程，具体分析应是：①箱梁底板材料为 $Q345q^c$，且为 $\delta=60mm$ 强度型低合金钢；其材料的焊接性能中有"氢敏感"一般表现为冷裂纹敏感特点，材料的焊接性能是在进行焊接工艺评定，编制焊接工艺指导书，考虑焊接工艺技术措施时的依据和基础；如果在材料的焊接性能方面考虑欠周详，加上 $\delta=60mm$ 板料对接施焊时又存在较大的拘束应力，这便是该焊缝产生较大气孔且气孔内含放射状裂纹的原因之一；底片是焊后 50h 拍摄的，底片上显现的 $\phi7$ 大气孔对于埋弧自动焊焊缝上存在的大气孔并不少见，而 $\phi7$ 气孔内所含的一点为中心放射状多条星形裂纹可以认为是延迟裂纹；②底片上的 $\phi7mm$ 气孔，中心含有以一点为中心，多个放射状星形裂纹缺陷的产生，形成过程，在无损检测持证操作，精心拍摄，自动洗片机显定影，较高质量的 X 光底片上已有较准确的描述，底片上清晰的影像，向驻厂监理焊接专业工程师（并持射线探伤底片审核资格证）无声地却形象准确地描述这一罕见的焊缝缺陷的产生，长大，开裂过程和其影像的成功留影；焊前准备，包括钢板的预处理，坡口准备，坡口及其两侧的清理、检测（脆硬性较高的材料坡口加工后应作坡口表面磁粉探伤）其目的之一是清除强度型低合金钢坡口及近域氢含量的危害，因其焊接性能中有"氢敏感"特点，焊接过程中亦有氢气孔产生可能性；焊前准备还包括焊接材料的烘干，保温处理，直接去掉焊条，焊剂，焊条药芯的含水量，也是含氢量；底片规格为 80mm×300mm 气孔存在位于焊缝始焊端，底片上清晰的影像可观察到引弧板上引弧端头，引弧后进入主焊道后在距主焊道端头 60mm 处显现一大气孔，孔内中心含星形裂纹缺陷！气孔影像椭圆形其长短轴径差仅 1.5mm，星形的一点为中心，放射状裂纹影像黑度大而清晰，中心点径为 0.5mm 略向起焊处偏移；通过影像位置，形态分析得出：首先是射线照相技术等级为 B 级，符合要求；射线机摆放位置与底片位置准确，良好，底片黑度，对比度，几何不清晰度均符合要求；因此通过缺陷影像可分析出，该缺陷产生，形成的相关事宜：气孔为锥台状，且其轴线垂直于焊缝纵轴，与母材板面。因为现场透照工艺为：焦距 600mm，B 级照像，按 $K \leqslant 1.01$ 计算一次透照长度，气孔缺陷位置，在距底片透照中心标记、也就是射线束到底片的垂足位置 90mm 处，垂直透射斜角不到 10°，从底片影像上看，气孔锥台中心轴黑点只偏中 1.5mm；从中心点放射状星形裂纹显示，其黑度很大。据估计，(因透照时未加梯形对比试块)气孔孔径再加上孔底裂纹开裂深度其缺陷总深度应不小于 10mm，该缺陷危害程度可想而知；缺陷的形成，长大孔锥台底部裂纹产生，开裂成星形放射状缺陷的过程，通过缺陷影像也可分析而得，其过程应该是：缺陷产生区域存在因焊前准备不充分，且焊前未采取预热等相关技术措施，电弧冶金过程中产生了液态焊缝金属冷却至融熔状态时过饱和的氢被促使形成分子氢形成初始气孔；钢板厚度较大，冷却速度较快，以原子、质子状态可在晶格中自由扩散的氢也可在这一间隙（或说是空间）来富集形成分子状态，其体积长大也使气孔体积长大而形成较大的锥合形尖锥状气孔；此时一部分扩散氢聚集到金属的晶格缺陷、显微裂纹和非金属夹杂物边缘的空隙中，结合成分子氢不能再自由扩散，故称之为剩余氢；此时的剩余氢与已形成的尖锥台形的大气孔缺陷因它不再扩散而相安无事了；

可是熔敷金属中的扩散氢仍然存在，仍然向气孔部位扩散、富集，富集成分子氢时，体积扩大，连续富集体积扩大的力是可观的，对于气孔缺陷其球形部位承力能力状态良好，这与球形容器承压能力最好机理相通，而尖锥台形的大气孔的尖锥端是受力状态最薄弱的部位，随扩散氢的连续富集，形成分子氢的体积膨胀力增大，便使气孔尖锥部位因不能承压而开裂，该缺陷是罕见的，想用特定焊接工艺重复该缺陷的出现，其可能性是零，但其产生机理还是可以讲通的。要注意的是该缺陷中的裂纹应认为是延迟裂纹！而且在结构使用状态中裂纹会延伸，会造成灾难性事故！因此驻厂监理工程师审察射线底片后，就以上审察过程，观点和相关焊接工艺技术研讨意见、焊工艺管理程序意见及实施特殊过程的焊接检验工艺规程的意见以"工作联系单"形式提请施焊单位——天津市市政公路工程天佳公司商洽。（"检验工艺规程"是钢桥，建筑钢结构制造，安装行业中大中型企业很少启用的概念）

  人乐于事必勤，天津市保定桥建造工程驻厂监造监理工程师，承包施工单位天津市政公路工程天佳公司主管生产副经理，和总工程师均为焊接专业工程师，同一专业，共为提高保定桥工程使用安全可靠性努力，工作起来又亲；这一勤，一亲便使保定桥钢箱梁底板 $Q345q^c$ 板料、$\delta=60mm$ 中厚板、对接接头焊接工艺：焊接过程中消除焊接残余应力，消除熔敷金属扩散氢含量工艺研讨并实施"特殊过程"工艺技术管理的研讨实施小组浑然天成了；焊接过程中消应消氢法施焊强度型低合金钢中厚板对接接头工艺方法前文已述，在此从略，这里重谈实施焊接工艺过程的"特殊过程"管理。

  经研讨实施小组商洽：此次研讨试验，并将其实施于保定桥钢箱梁底板焊接施工的"强度型低合金钢中厚板对接接头，焊接过程中消应，消氢法施焊工艺"确定为"专项工艺"，焊接接头使用安全可靠性保证过程应视为"特殊过程"，即 ISO 9001—2000 对其描述的"这包括仅在产品使用或服务之后问题才显现的过程。"

实施"特殊过程"连续监控,应从"过程能力预先鉴定"(确认)开始,前文已述。在天佳公司,三位焊接专业工程师曾共同解决板料对接接头施焊单V型坡上正面施焊,背面清根后施焊所产生的"棱角度"超差,变形问题而实施I型坡口,窄间隙埋弧自动焊,很成功,且免去了不符合规范要求的"热矫正"工艺的成功经验,此次协作努力更是"心有灵犀一点通",经天津市市政公路工程天佳公司主管生产副经理王成彪、总工程师刘伯军、天津市赛英工程建设监理咨询有限公司派员驻天佳厂焊接专业监理工程师共同商洽斟酌把"过程能力预先鉴定"(确认)的对象:4MIE,即生产工艺管理中的人、机、料、法、环五个管理控制环节,与厂内生产,工艺管理的材料系统、工艺系统焊接系统、质量系统四个生产技术管理系统相融汇后组成各负其责的特殊过程管理监控、连续控制,确认再确认的专项焊接工艺全过程监控体系:"人"即如 ISO 9001—1994 年版中所阐述的"特殊过程"概念:"当过程的结果不能通过其后的产品检验和试验完全验证时,如加缺陷仅在使用后才暴露出来,这些过程应由具备资格的操作者完成或要求进行连续的过程参数监视和控制以确保满足规定要求。"因为是特殊过程,人,操作者就应具备资格和能力;不但如此,又因为是"专项焊接工艺"尚需对操作者进行专项焊接工艺"工法"培训、考核;也就是操作者应具备相应资格和专项焊接工艺的理解、认识和操作能力。经研究商洽此项"过程能力预先鉴定"工作由天佳公司主管生产副经理王成彪经理负责组织;总工程师刘伯军和驻厂监理工程师两人负责进行资格考核和"专项焊接工艺"工法培训,考核,并作出分析和结果记录文件。

"机"对于本项焊接工艺所用的"机"包括:埋弧自动焊焊接电源,自动焊焊接小车和相应的机械跟踪轨道,因为$\delta=60mm$厚板料对接焊缝,采用大钝边,窄间隙X型坡口双面施焊,故需启用该厂原有大型板料翻转胎具;这些机具的性能完好情况均应作相关确认。仍属"过程能力预先鉴定"范围;仍由王成彪副经理配以质量部长李专工程师监控。

"料"对本项焊接工艺讲就是母材材料和焊接材料,这里有两部分内容:一则是按设计图要求所置办进厂的母材材料的质量、性能保证;这是材料责任工程师通过审核进厂材料的质量证书审核及按相应规定进行材料复验,检验作出相应确认验收,入库发放的,这是材料责任工程师主持工作的材料系统的工作,包括材料部分的市场调研和材料代用等工作(有的单位此方面工作与技术质量部门作相关协调);另一方面则是焊接工艺(指导书)是由具有一定专业知识和相当实践经验的焊接工艺人员,根据钢材的焊接性能,结合产品特点,制造工艺条件和管理情况来拟定的。钢材的焊接性能试验一般包括下述内容:首先根据钢材的化学成分、组织和性能进行焊接性能分析,预计焊接特点并提出相应措施与办法;从钢材焊接特点出发,选择与其相适应的焊接方法;依据焊缝金属性能不低于母材性能原则进行焊接材料的筛选,着手进行焊接工艺试验,确定工艺参数,再依据母材焊接性能考虑保证焊接接头使用安全可靠性应采用的工艺技术措施,经试验确定焊接工艺技术规范。此项工作是焊接责任工程师主持工作的焊接系统尚需进行的焊接工程与材料相关的研究工作。

"法"可以理解为方法,工法,工艺,手艺,窍门儿……对金属结构制造加工,安装企业来讲一般是工艺科或工艺系统的工作范畴,有大型钢桥制造中心企业挂牌曰:工程设计所。实际上,"法"对钢桥,建筑钢结构行业讲就是读图后依据本企业设备能力,场地,工艺装备人员技术水平……条件对从展放实样,排板下料,组拼单元构件,胎架设计搭设等工艺程序安排技术能力水平较高的企业,对每项较大型的非标产品为了提高施工质量和制造功效一般都在施工准备阶段有新的工艺装备的设计,制造和调试或旧有工艺装备的改型,改进使其应用于新产品的生产过程,从而提高企业品牌效益。

"法"对本次 $Q345q^C$ 材料,$\delta=60mm$ 厚强度型低合金钢对接接头焊接工艺技术试验及施工,所采用的施焊工艺,采用的是:"窄间隙,X 型坡口、大钝边、双面对称翻身施焊、焊接过程中，采用焊前 200℃ 预热、层间采用"后热"，及采用一磅重尖锤顶钢锤震击层间焊缝表面，使焊缝金属侧向扩展，使焊缝内部冷却收缩时的拉力在冷却，锤震击延展中被抵消，产生控制变形、稳定尺寸、消除残余应力和防止焊接裂纹的作用；焊前预热 200℃ 用点式测温计控制是因为温度达 200℃ 以后，氢在钢中大大活跃起来，焊接过程中消氢效果好；每一层焊道施焊完毕后，立即进行"后热"，它不等于"热处理""后热"就是焊后立即对焊件的全部或局部进行加热或保温，使其缓冷的工艺措施。后热有利于焊缝中扩散氢的加速逸出，减少焊接残余变形与残余应力，后热温度一般为 200~350℃，保温时间与焊缝厚度有关一般不低于 0.5h；200~350℃ 间后热消氢效果较好，后热温度上限一般不超过马氏体转变终结温度，而定为 350℃；操作时应注意。

因预热（测温，控温均温）→焊接一个单层焊道→立即后热（测温，控温均温，焊道较长时要跟踪焊接加热）→保温 0.5 小时（测温均温至 200℃ 时已等同于层间预热）→开始下一层焊道施焊→如此往复连续监控作业，且在后热加热测温控温均温的同时加入多个一磅重尖顶钢锤震击焊缝表面且应均匀密布麻坑每 $1cm^2$ 6 点，以消除焊缝冷却收缩时的内部拉应力，使其在震击成麻坑时焊缝金属被延展而收缩应力被抵消。直至最后一层表面焊道只作后热，保温而不作锤击，后热保温后，空冷至常温结束全过程连续，监控作业，每一个操作程序均须在监控下进行，否则千里之堤，溃于蚁穴；所以必须对每个操作者，参与监控的工作人员在上岗前进行全程操作工法培训和考核；使每个人对自己所进行的每项操作，每个监控点的状态既要知其然又要知其所以然，操作要全神贯注，一丝不苟。参与施焊操作及过程连续监控的全体人员须在"工法"培训考核后上岗工作。

"工法"培训由天津市市政公路工程天佳公司，总工程师刘伯军，主管生产副经理王成彪和驻厂焊接专业监理工程师三位焊接专业工程师主讲，考核，评定。培训教材参考资料：《焊工培训指南》—锅炉压力容器的焊接；JB 4708—《钢制压力容器焊接工艺评定》;《钢制压力容器焊接规程》JB/T 4709—2000 和自编 "强度型低合金钢中厚板焊接过程中消应消氢法焊接"。

培训内容因是采用埋弧自动焊且是"窄间隙,大钝边"施焊与常规概念有相悖之处,就从电弧理论开始、通过实际焊接演示,解决埋弧自动焊工艺参数:I,电流;V,电弧电压;t,焊速直至焊丝角度微小变化对焊缝成形的影响,来纠正一般概念上 100A 电流熔透深度 1mm,组拼有间隙时容易焊穿的心理状态,以电流、电弧电压合理匹配,注意焊接速度,焊丝角度对焊缝成形和熔深的影响,窄间隙大钝边的熔透焊完全可以稳定施焊。经试件演示得到了较好的效果;经断面宏观金相观察分析如再对背面第一层熔透焊工艺参数作些小调整,焊接效果会更好。

工法培训占用的时间正是大型接板,两面施焊用翻转胎架维修调整的过程;经"过程能力预先鉴定"确认:应用状态良好。这样又经对 MZ-1-1000 型直流埋弧自动焊焊接电源和自动焊车的焊接特性,机械状态,控制系统电状态,轨道的电弧机械跟踪状态的过程能力预先鉴定"确认";焊前准备工作已大部分就序了这便是功欲善其事,必先利其器。工法培训完成后,经考核进行了扳钳工(铆工)、焊工、翻转胎架操作工(机械工)及管理层的焊接工艺检验员,质量检验员的资质和本工艺检验能力确认;在材料系统则进行了钢材,焊材的检验,复验及相关资料,材料的"墨头标记""检验标记"下料后的标记移植及余料库存与处理,尤其是对焊接材料的Ⅱ级库的管理状态:即是库房内温度、湿度控制状态,库房内的"远红外板式加热器"及"去湿机"的加温,去湿运转状态和相关记录,焊材烘干箱的烘干控制及发放记录,库房人员的值班情况和烘干程序安排均进行了确认,再确认,对以上确认检查的"不符合"部分,"特殊过程研讨实施小组"均联合签发了"整改意见"和"限期整改通知单"实施特殊过程管理的准备工作在紧锣密鼓地进行,紧张而愉快的状态充满了厂区每一个角落。

"环",可理解为生产工作环境状态,《钢制压力容器焊接规程》JB/T 4709—2000 中的第 6.2 条焊接环境，6.2.1 焊接环境出现下列任一情况时，须采取有效防护措施，否则禁止施焊。①风速：气体保护焊时大于 2m/s，其他焊接方法大于 10m/s；②相对湿度大于 90%；③雨雪环境；④焊件温度低于 -20℃。其标准释义中说：焊接环境是指施焊现场能影响焊接质量的局部空间内的气象条件：风速，相对湿度和雨雪。温度条件是指的焊件温度而不是环境温度。焊件温度低于 -20℃须采取有效防护措施的内容来源于美国 ASME《锅炉压力容器规范》第四卷第一分卷。

关于焊接环境，各行业规范标准，各时段众说纷纭，这里不作过多探讨；前文已述：在考虑钢材的焊接工艺时（编制钢材的焊接工艺指导书时）应以该钢材的焊接性能为基础因素；而影响焊接质量的因素一定与顺、背其焊接性能有关，所以具体钢材的化学成分、性能、厚度、均应具体分析，考虑，并须通过试验，检验，实践去考虑具体问题，焊接环境亦是如此。

$Q345q^C$ 材料，$\delta=60mm$，对接接头焊接，为确保接头使用安全可靠性的施焊工艺全过程的"特殊过程"连续监控管理准备"过程能力预先鉴定"程序在焊接过程中消除焊接残余应力，消除熔敷金属扩散氢含量工艺方法研讨，实施小组共同努力中确认，再确认其中的各项"能力鉴定"三位焊接工程师又共同研讨确定并编制了该工艺全过程"检验工艺规程"。

焊接过程中消应消氢法施焊工艺特殊过程质量检验工艺规程

一、总则

1. 焊制钢结构的基础质量是其焊接接头的使用质量和焊接缺陷；为确保强度型低合金钢 $\delta\geqslant28mm$ 中厚板，对接接头使用安全可靠性，实施焊接过程中消除焊接残余应力，消除熔敷金属扩散氢含量施焊工艺方法；并在施焊过程中实施"特殊过程"工艺操作质量管理，制定本规程。

2. 为确保强度型低合金钢中厚板对接接头使用安全可靠性，本规引进了《钢制压力容器》GB 150，《钢制压力容器焊接工艺评定》JB 4708—2000，《钢制压力容器焊接规程》JB/T 4709—2000 标准中关于强度型低合金钢中厚板焊接的一部分规定和标准释义中的阐述内容以补充现行桥梁，建筑钢结构相关标准中相关尚未规定的内容。

续表

二、基本规定

1. 本规程要求设计采用的原材料及成品应进行进厂（场）验收。凡涉及安全，功能的原材料及成品应按《公路桥涵施工技术规范》JTJ 041—2000；《钢结构工程施工质量验收规范》GB 50205—2001；《建筑钢结构焊接技术规范》JGJ 81—2002相关规定进行复验。焊接全过程施工质量检验，验收的计量器具，必须采用经计量检定，校准合格的计量器具。

2. 因是"特殊过程"连续监控确认，再确认，焊接工艺监控检验人员、质量检验监控人员在焊接全过程作连续监控不得离岗；施焊工艺程序为组拼板料接缝前的钢材，焊材，焊接设备，机具，接缝坡口加工，接缝熔剂垫准备，预热、后热机具，锤击震展焊缝表面清除焊接残余应力的锤具，与后热工序的插入时机准备、测温仪器仪表准备……的受控状态确认均应由相关专业监控人员检查确认，工艺负责人再确认方为符合要求，如不符合，立即整改；按整意见通知单实施，确认。

3. 施焊过程中的各工序实施均以每层焊道单层焊接过程为单位连续监控，并经焊接工艺监控检验员，焊接质量监控检验员检查确认后，再经焊接工艺负责人，质量检验负责人再确认后方可进入下一工艺程序施工。

三、工艺过程检验依据

1. 天津市保定桥施工图设计，变更设计文件。

2. 相应国家标准部颁标准 GB 50205—2001；JGJ 81—2002；JTJ 041—2000；JB 4708—2000；JB/T 4709—2000；本工艺"工法"。

四、工艺过程检验内容：各工序部位检验内容附后

特殊过程工序检验一览表
（开工前管理层运作前文已述此表从略）

序号	工序步骤名称	检验内容	允许偏差	使用记录表格	报验检查时机	确认签署
1	组拼板料的坡口加工 检验依据工法文件中坡口加工图	依"工法"坡口设计图检查形位尺寸：坡口角度，钝边尺寸减掉收缩余量后的拼焊后单元板尺寸估算	样板尺检查不符处间隙不大于1mm 长度±2；宽度±2 料对角线 $l \leqslant 4$	单元件装焊质量检查记录表检验申请批复单	首件加工后	工艺检验员、质量检验员 监理工程师

175

续表

序号	工序步骤名称	检验内容	允许偏差	使用记录表格	报验检查时机	确认签署
2	翻转胎模上对接接头焊缝接缝组拼检验依据：工法文件中接缝组拼图	接缝错边量不大于3mm；组拼接缝间隙4mm；始焊点处3.2mm，终焊点处5mm；塞尺检查点定焊长度20mm点定焊间距200mm焊条J507烘干。胎模上垫板，压码固定；背面装磁铁压板承接熔剂垫	塞尺检查不大于0.5mm 塞尺检查不大于0.5mm φ3.2、φ5焊条做两端间隙的塞块；组拼。直尺检查±5 装自动焊剂不得漏下	工法中专用表格检验申请批复单	跟踪组拼过程符合要求后点定施焊 除首件单元板料组拼外，另加一件坡口，间隙，材料及板厚与主焊道相同1000×600×60产品试板一块装焊于主焊道上	首件上台组拼时"特殊过程研讨小组"全体人员跟踪确认
3	焊前预热	①点式测温计使用前灵敏度复核 ②焊前预热： a.采用远红外板式加热器时再确认其电加热性能；	±5℃ ①电加热，调整加热器温度显示并与点式测温计搭配使用；	温度测量记录表附焊缝测点图。	加热后测量；均温后测量均温至(200±5)℃后焊接	焊接工艺检验员 监理工程师

续表

序号	工序步骤名称	检验内容	允许偏差	使用记录表格	报验检查时机	确认签署
3	焊前预热	b. 采用火焰加热时加热温度为215~220℃加热后令降温至200℃开始焊接，目的是在降温时使焊接区预热温度均匀且除去火焰加热在焊接区的残余温度	②火焰加热时每50mm测一点，温差大于5℃时低温处补充加热	（包括200mm长相同坡口的引弧板和80~100mm长的熄弧板）	加热后测量；均温后测量均温至(200±5)℃后焊接	焊接工艺员 监理工程师
4	焊前核检	①接缝背面，承接自动焊焊剂作为熔剂垫，δ=1mm，50mm宽板条采用磁铁压实在焊缝背面的安装状态再确认；	焊前将烘干过程确认后的埋弧自动焊焊剂在组拼合格确认后的接缝坡口，间隙内布满布实；背面不得散漏；网路电压稳定在规定范围内	"工法"中专用单层施焊焊接监控记录表	全过程跟踪监控；控制点，按工法要求：①网压表监控	生产副经理王成彪

177

续表

序号	工序步骤名称	检验内容	允许偏差	使用记录表格	报验检查时机	确认签署
4	焊前核检	② 自动焊焊车，焊轨，电弧机械跟踪状态调试；③ 网路电压确认④ 接缝区预热温序及范围确认	① 坡口内侧(1200±10℃)② 两侧50mm范围内150～180℃焊接电流 $I=(800±10)$A 电弧电压 $U=(41±2)$V 焊速 $t=19$m/h 网路电压稳定；电弧跟踪接缝直线度正常	"工法"中专用单层施焊焊接监控记录表	② 翻转胎机械状态，液压设备工作状态监控③ 焊接电源，焊接小车上仪表双向监控；④ 翻转胎下部焊道熔剂垫在焊接电弧冶金状态下，状态监控；信息传送：手机	总工程师刘伯军驻厂监理焊接专业监理工程师现场指挥副经理王成彪
4	正面第一层熔透焊焊缝翻转胎上焊接	① 200长坡口，间隙与主焊道相同的引弧板上引弧，焊接并在进入主焊道前整调工艺参数；② 正常监控施焊；③ 熄弧板上收弧				
5	焊后消除残余应力尖锤震击；同时对第一层焊道"后热"后热温度控制在200～350℃；后热加热，均温后，保温 0.5h 后任其自然空冷至预热温	后随焊接电弧的尖锤群震击焊缝表面；在敲掉焊渣的同时，加大震动将焊缝表面打击成1cm²内不少于 6 点的麻坑，以消除焊缝冷却时的收缩应力；同时对焊缝进行后热	尖钢锤震击焊缝表面，打成麻坑每 cm² 面积上不少于六点，只允许多打，麻坑数量不得少打；与消应锤击的同时是后热，后热温度控制在200～350℃之间不得超温，保温 0.5h	工法中专用表格"钢尖顶锤震击消应施工记录表"工法中专用："后热过程记录"	因工法规定：第一层焊道因其截面可达1.43cm²已经得起锤击，焊完焊道立即做"清渣"同时的消应锤击；后热又紧随其后故过程连续监控只能跟踪监控	总工，刘伯军驻厂监理总工程师刘伯军驻厂监理

续表

序号	工序步骤名称	检验内容	允许偏差	使用记录表格	报验检查时机	确认签署
6	第二层正面焊道施焊，焊前监控因为第二层焊道是第一层焊道尖锤震击消除残余应力，后热消氢，降温至预热状态下开始	焊前检查①第一层焊道热后，保温时间再确认；②检查尖顶钢锤震击焊缝表面的力度和密度	后热温度上限为350℃保温0.5h后降温至200℃时认为是预热温度，在保温时间，温度同时确认后，便可进行第二层焊道焊接	焊接过程记录表后热过程记录表	第二层焊道开焊前对第一层焊道的消氢消应情况再确认。确认后实施第二层焊道施焊监控	总工程师刘伯军质量部长李专驻厂监理焊接专业工程师
7	第二层焊道施焊工艺过程监控	焊接电流 $I=750\sim800A$；电弧电压 $U=38\sim40V$；焊接速度 $t=21m/h$	焊接过程中重复第一层焊道在清渣时便进行尖钢锤震击焊缝表面消除残余应力；同时进行后热过程要求与前文同	焊接过程记录表后热过程记录表	锤击消应，后热消氢全过程连续监控记录	质量部长李专驻厂监理焊接专业监理工程师
8	拼接单元板件翻身对背面焊缝施焊；此时单面熔焊金属截面已达 $2.65cm^2$	①检查单元拼接板在翻转胎架上的装卡固定程度；②第二层焊道表面质量检查确认；③吊车保护性翻转④翻转后板单元水平状态调整	统一指挥，协调作业，作业安全操作交底安全员在现场监控；记录	起重吊装记录测量记录	翻转作业前报安全操作方案；翻转后作监控记录	副经理王成彪公司安全部长驻厂监理安全责任工程师

179

续表

序号	工序步骤名称	检验内容	允许偏差	使用记录表格	报验检查时机	确认签署
9	第三层焊道（即是背面第一层熔透焊焊道施焊因翻转板料而耗时，前两层焊接余热殆尽，又是窄间隙熔透焊，应从焊前预热确认开始）	①坡口间隙状态检查确认；②坡口、间隙内余渣清除（不再有熔剂垫了）；③焊前预热测温，均温同前文	①因第一层焊道横向收缩，间隙存在局部小于3.2mm现象，应采用薄砂轮片磨修确认；②坡口内余渣清除确认；③坡口第二次磨光；④板面水平度确认	单元装焊记录表	焊前检查确认	特殊过程管理研讨小组全体现场确认
10	第三层焊道，即是背面第一层熔透焊焊道；焊接工艺过程控制	焊接电流 $I=800A$；电弧电压 $U=39\sim41V$；焊速 $t=19m/h$	因是熔透焊，焊接过程重复正面第一层焊道监检程序；在焊罢清渣时，开始用钢尖锤震击焊缝表面，消除残余应力；同时进行后热	焊接过程记录表锤击消应记录后热、保温记录	尖顶钢锤，按工法要求震击焊缝表面，每1cm²不少于6点麻坑，可以多敲点数不得少打；以消除焊接残余应力；同时作后热保温以消氢	质量部长李专 驻厂监造监理工程师

续表

序号	工序步骤名称	检验内容	允许偏差	使用记录表格	报验检查时机	确认签署
11	第四层焊道，即是背面第二层焊道，焊接工艺过程监控	焊接电流 $I=750A$；电弧电压 $U=40V$；焊速 $t=21m/h$	焊接过程连续监控，应重复正面第二层焊道连续监控程序：锤击消应；后热消氢连续监控，保温记录	焊接过程记录、锤击消应记录、后热，保温记录表	锤击焊缝表面每平方厘米不少于6点麻坑使焊缝冷却时收缩拉应力在延展中抵消而消除残余应力；熔敷金属中扩散氢，后热消氢	焊接工艺员质量部长李专 驻厂监造监理工程师
12	第五层焊道即是背面第三层也是盖面层焊道焊接工艺监控	盖面层焊道要求溶深，熔到性好不能存在边缘未熔；焊缝表面为防止冷作硬化又因为表面不再有重熔焊道，它本身便是回火焊道该焊道只作后热不作锤击消应	表面熔宽25～27mm电弧电压 $U=40$～$43V$ 熔深熔到性好，焊接电流 $I=800A$ 为熔宽好，表面成形好焊丝向焊接方向倾斜10°焊丝指向焊接方向；焊接速度 $t=21m/h$ 焊后后热，保温	焊接过程记录表后热，保温记录	焊缝已至施焊背面盖面层焊缝厚度已近60mm，故后热操作时温度仍应为300～350℃而保温时间应随焊缝厚度增加而须改为1h	副经理王成彪 总工程师刘伯军 驻厂监造监理工程师

181

续表

序号	工序步骤名称	检验内容	允许偏差	使用记录表格	报验检查时机	确认签署
13	拼接单元板件翻身对正面第三层焊道施焊	内容同序号8内容在此不重述	内容同序号8	同序号8	同序号8	同序号8
14	第六层焊道即是正面第三层焊道是盖面层焊道	内容同序号12	内容同序号12	同序号12	同序号12	同序号12
15	特殊过程，连续监控，Q345q^C 强度型低合金钢，$\delta=60mm$ 中厚板，对接接头，焊接过程中消除焊接残余应力；消除熔敷金属扩散含量工艺方法连续监控施焊完毕；产品试板拆下做相关试验					

产品试板的材料，板厚，坡口形式，窄间隙设置与主焊道完全相同；为模拟主焊道施焊时因板料面积较大而存在的拘束度，在试板与主焊道连接时，坡口两侧试板与主焊道母材作了全焊透熔焊刚性固定和试板外端与主焊道母材的刚性固定；施焊过程连续监控，焊前预热，预热温度监控，焊接，焊接工艺参数，工艺过程监控，焊后清渣的同时用一磅重尖顶钢锤震击焊缝表面，打击成每 1cm^2 面积上不少于 6 点麻坑，使焊缝熔敷金属冷却时的收缩拉内力在锤击延展中被抵消的消应监控，与消应同时进行的后热消氢措施过程监控，都与主焊道施焊过程连续监控，确认相融合。因此对产品试板的试验，检验，检测的结果评定可证明主焊道施焊过程的连续监控的结果，也可证明："强度型低合金钢中厚板（以 Q345q^C 材料，$\delta=60mm$ 厚板材对接接头施焊为例）对接接头，焊接过程中消应（消除焊接残余应力）消氢法，窄间隙，大钝边，全熔透施焊工艺；实施特殊过程连续监控工艺全过程管理程序确认"的结果。

因此对产品试板进行了力学性能试验测试，冲击韧性测试和试样弯曲检测；结果均优于在此前的"焊接工艺评定"结果；此外进行了焊缝截面宏观，微观金相观察和熔敷金属"定氢"测试及残余应力测试；也得到了较好的结果："特殊过程研讨实施小组"三位焊接专业工程师回顾了他们近日来的工作，研讨过程经讨论认为：本次实施特殊过程工艺技术管理连续监控保定桥斜塔下近域钢箱梁底板 $\delta=60mm$ 厚低合金钢 $Q345q^C$ 板料对接接头焊缝施焊工艺全过程效果是可喜的；经探伤和产品试板检查结果是优良的，但这不是他们三人研讨的终结，从焊缝截面宏观金相结果看：施焊工艺参数仍有须改进的必要；焊接线能量输入还可以再小些，微观金相组织状态还可以更好；以后有时间，有新的想法再研讨再合作非常必要。要通过多次研讨、试焊、试验，检验检测要通过试验检验整理出一套："强度型低合金钢，至少是桥梁用钢中厚板焊接接头，窄间隙、大钝边、焊接过程中消应消氢法焊接工艺规范"来进行特殊过程焊接工艺技术管理，实施了保定桥钢箱梁 $\delta=60mm$；$Q345q^C$ 板对接接头的焊接工艺过程监控；经总结工作经验后又实施了以后各单元接缝的特殊过程监控；研讨小组的研讨工作在延续深入，他们的成果，友谊在加深。驻厂监造专业监理工程师已与天佳公司同行，相依相融，专业能力互补，参建人员之间在保定桥钢结构工程制造，安装过程中，如切如磋，如琢如磨的工作、生活的苦与乐；共同努力得到的收获；在每个人心中都留下了深刻的印迹。

以上简单地罗列了天津市市政工程设计研究院属，天津市赛英工程建设咨询管理有限公司的监理工程师们履行"严格监理，热情服务"八字风范，在某大型钢桥制造中心，在制造吉林市江湾大桥，钢管混凝土拱桥结构的中铁十八局涿州厂，在天津市保定桥建造承包商的天津市天佳市政公路工程有限公司，驻厂监造过程中，与施工承包单位共同研讨、处理、完成的几件施工工艺技术事宜的真实过程。这样几件真实的故事中，驻厂监造的专业监理工程师们在某大型钢桥制造中心企业，涉及了"材料专业"

和"焊接专业"的监查和服务;在中铁十八局的涿州厂,涉及了焊接工艺装备的设计,制造,调试,使用的"机制专业"和焊接专业的服务;在天津市天佳市政公路工程有限公司涉及了、无损检测专业,焊接专业,金相热处理专业,机制专业的专业技术服务和共同研讨了新的埋弧自动焊,窄间隙、大钝边焊接过程中消应,消氢法施焊强度型低合金钢,桥梁用钢的特殊过程连续监控管理的工艺方法的相关技术、管理服务。这些过程都已是过去的事了;回首看来作为市政公路工程监理企业,作为焊制钢桥结构和建筑钢结构的监理工程师,在当今大跨度,大截面多样化的结构型式钢桥;高层,超高层建筑钢结迅猛发展,设计工程师选用钢板越来越厚,材料品种多样化的新形势、新建设市场情况下,以上所述的五件真实过程,在钢桥建造企业建筑钢结构制造企业实施工程监理业务,会是经常遇到的事;如果监理工程师对类似事宜因专业水平不足对其视而不见闻而不知,则焊制钢结构产品的使用质量和社会效益很难确保。

  天津市市政工程设计研究院辖属的天津市赛英工程监理咨询有限公司,为对焊制钢桥和钢管混凝土拱桥工程的施工监理工作,从 2002 年开始作人力资源,技术储备,与天津市电力建设公司严正总工程师挂勾不定期学习、咨询、请教,适时向天津市锅炉压力容器检验所的宋福麟总工程师请教学习;聘本系统和外系统的退休机械工程师、焊接工程师、无损检测工程师来公司工作,再加上本公司路桥专业工程师通力协作,便组成了适应当今钢桥大跨度,大截面,结构型式多样异形的迅猛发展,结构钢板厚度不断增厚的建桥趋势,要求的监理工程师队的组合。他们在吉林市江湾大桥三跨钢管混凝土拱桥的制造安装工程的监理过程中;在天津市保定桥的独塔斜拉桥体系钢桥建造施工监理工作中;在洛阳市,象征洛阳市为九朝古都的九拱,瀛洲桥的主跨:新月形,120m 跨钢管混凝土拱桥的驻制造厂监造和瀛洲桥现场安装监察过程中……便依照"严格监理,热情服务"八字原则;在工程监理过程中为提高产品使用性能安全可靠性,为加速产品制造进度；与施工单位技术人员相融协作，进行了如前文所述五项施工工艺技术服务。

　　功欲善其事，必先利其器，作为工程监理企业，作为专业监理工程师，在实施工程监理施工时，其本身便是其企业行为的"器"；欲成大器者，必先苦其心志，劳其筋骨，便是首先充实提高，壮大自己，才不会在会上手捧"标准""规范""规定"照本宣科，遇实际工程问题视而不见胸中实无一策；建筑钢结构工程，钢桥结构工程迅猛发展；它要求工程监理企业，实施工程监理任务的监理工程师，必须紧跟趋势，充实、提高、壮大自己。

　　建设工程监理单位对所承接的建设工程讲是参建单位，随着时日的推移，工程的开、竣工，监理工程师们俨然游击小分队，会接触很多施工工艺水平高低各异的制造厂家和操作方法不同的安装单位；也会从他那里学习到新的先进的施工工艺方法、高招；这样在"热情服务"中既协助施工承包单位提高了施工工艺技术水平，又起到了传播高新施工工艺技术的作用，同时提高了自身能力水平。为社会效益性作了一些贡献。